JN256186

Rで統計を学ぼう!

文系のためのデータ分析入門

長島直樹・石田 実・李 振 著
Naoki Nagashima　Minoru Ishida　Zhen Li

中央経済社

はじめに：本書の目的と特徴

本書『Rで統計を学ぼう！ 文系のためのデータ分析入門』は書名が示す通り，初めてデータ分析を学ぶ人を対象とし，文系の大学生を主な読者として想定してはいるが，社会人にも入門書として役立つよう，工夫したつもりである。

内容的には，統計の初歩に始まり，回帰分析までの基礎を伝えることが本書の目的である。近年は経営学やマーケティングの分野も，統計データを扱うことは多い。ゼミ活動や卒論研究でアンケート調査などを行えば，必ずといってよいほど統計の知識が必要になる。単に表やグラフに表すだけでなく，統計処理を実行したり，いくつかの変数間の関係を示唆したりできれば，報告内容の説得力が向上するであろう。

しかし，平均的な文系の学生の多くは，「統計は難しいもの」，あるいは食わず嫌いで「できれば避けて通りたい科目」と思っている人も多い。そんな学生にもわかりやすく，今後のゼミ研究や実社会に出てからも役立つよう，基礎を中心に解説することとした。なお，タイトル中の「データ分析」は「統計学」とほぼ同じ意味で使っている。本書では，文脈に応じて「分析」「統計」等とも言い換えているが，すべて同義である。

本書には以下のような3つの特徴がある。まず，実際に統計ソフト「R（アール）」を使いながら実習できる点にある。統計分析は，「頭で理解するもの」と多くの学生が考えているようだが，実際には具体的なデータに触れながら習得するほうが理解は早い。また，中途で挫折するリスクもずっと小さくなる。どんなことができるのか，実感しながら進むことができるからだ。

2つ目の特徴は，授業用教科書であるとともに，自習用としても使いやすいように工夫している点である。テキストの本文を試し読みしてもらった多くの学生から，「この先どこへ連れて行かれるのか」「どれだけ辛抱したら次に繋がるのかわからない」という声を多く聞いた。こうした声を反映し，各章の冒頭に「最低限の知識」をまとめた「本章のポイント」と「キーワード」を設けている。各章の要約だけ読めば1日1時間で2章分ぐらい精読することが可能だろう。そうすれば，1週間で全14章の全貌が摑めるようになっている。全体がわかった上で，細部を読み返せば，必要以上の忍耐を強いられることなく理解を深めることができる。要約を把握した上で，各章の理解に90分程度かけ，さらにRによる実習を加えれば，1章当たり3時間程度で自習できる。2日かけて1章進めれば，14章は約1カ月で習得することが可能である。1日おきに学習しても2カ月間で本書が扱う統計基礎をマスターすることができる。

最後の特徴は，1学期15回の授業で終えられるように構成している点である。多くの大学で，最初の1週目はガイダンスに充てられていることを反映して，15章ではなく14章とした。1回90分の授業を想定しているが，多少の長短があっても調整は可能だろう。また，序章はいわゆるイントロダクションに相当しているので，ガイダンスでこの章を使えば，15回のうちに確認テスト等の回をはさむことも可能である。実際に，現在は東洋大学経営学部（マーケティング学科）1年生の必修科目テキストとして使用している。

学生の声を反映した旨を上に紹介したが，本書は出版前にテキストとして使用していた教材をわかりやすく書き直したものである。読みやすくする工夫として，著者のゼミ生など平均的な文系学生の感想・意見をところどころに反映した内容となっている。また，マーケティング学科の学生を主な対象としてきたため，本書の事例の多くは消費者行動，市場調査，企業業績など，経営・マーケティング関連のもので占められている。

本書の構成は以下の通りである。序章は主として「統計を学ぶ意味」や「統計ソフトRを利用する理由」を説明する。第1章から第4章まではデータの表し方，確率の考え方など，初学者向けにデータ分析のための準備とする。ここまでが本書の第Ⅰ部である。第Ⅱ部は第5章から第8章までであり，推測統計と呼ばれる分野である。この部分を学習することにより，各種の統計的検定や分散分析等を理解し，実際にデータに即して実行できるようになる。第Ⅲ部，すなわち第9章以降は回帰分析に関連する解説と実習に充てる。回帰分析を学ぶことで，変数間の関連をより論理的かつ定量的に分析することが可能となる。

本書は東洋大学経営学部マーケティング学科の授業テキストとして使用することは先述の通りだが，さまざまな方々の有形無形のご協力の賜物でもある。まず，学科の施策として独自テキストの作成を決定・推進された住谷宏学科長の強力なバックアップに深く感謝を申し上げたい。また，ご専門の立場から貴重なご意見を頂戴した同学科の室山泰之教授，峰尾美也子教授に御礼申し上げる。そして，コラムの題材を提供してくれた岩澤夏子さん，堀内瑠太さん，加藤澪さん，児玉桃子さん，笠岡万里子さん，三田絵里さん，本当にありがとう。さらに，草稿を通読し，学生の立場からさまざまな意見を寄せてくれた長島直樹ゼミの皆さん，可愛らしいネコの挿絵を描いてくれた「祥」さん（ペンネーム），どうもありがとう。

最後になりましたが，中央経済社の納見伸之編集長と，本書の内容や構成などさまざまな面から的確な助言をいただき，大変お世話になった同社の浜田匡さんに厚く御礼申し上げます。

2017年10月

著者一同

目　次

数式や記号について

データ分析のテキストは数式や記号が出てくるため，暗号文のように思う方もいるだろう。記号表記に慣れるのが苦手だからと統計に苦手意識を持つ人は多く，普通の人は記号表記が好きではない。データ分析のために記号表記を用いるのは，スマートフォンでアプリを使うために仕方なく文字入力しているようなものである。本書では，データを使った計算手順を記すとき，データの値やデータ数が変わっても正しい表記にするため 1+3+5 という 3 個のデータの合計を，$x_1+x_2+\cdots+x_n$ と記号を用いて説明する。例えば，データの平均が $\frac{1}{n}(x_1+x_2+\cdots+x_n)$ という表記は，{1, 3, 5} の 3 個のデータを用いて平均を求める場合では $n=3$ で $x_1=1$，$x_2=3$，$x_3=5$ と読み替えて，$\frac{1}{n}(x_1+x_2+\cdots+x_n)=\frac{1}{3}(1+3+5)=3$ と計算することを示している。また，x_1, x_2, x_3 の 3 個の値を，$i=1, 2, 3$ の 3 通りの x_i と記すこともある。この表記法を用いて，x_i を $i=1$ から $i=3$ まで足し合わせることを $\sum_{i=1}^{3} x_i$ と記す。この i という下付き文字(添え字，インデックス)の表記を略して単に $\sum_i x_i$ と書くこともある。平均値は $\frac{1}{n}\sum_{i=1}^{n} x_i$ と表記する。心の中で「n 個の値を全部足して個数で割る」と読み替えられるようになるまでに相応の時間がかかるだろう。大学の基礎科目として学ぶ統計では，およそ＋－×÷の四則演算のみ用い，対数や三角関数や微分積分などの数学演算をほとんど使わない。積分記号を用いることもあるが，積分の概念を示しているだけで実際に積分の計算はしない。最初は数式に具体的な数字を当てはめて計算し，式の意味を理解することをお勧めする。

本書の第 4 章までの範囲で用いる数式や記号の中で重要なものを次にまとめた。第 5 章以降では，仮説検定と分散分析と線形分析などデータに基づいて判断し主張する手順を学ぶ。

データの範囲 ＝ 最大値 － 最小値

四分位範囲 ＝ 第3四分位点 － 第1四分位点

平均　$\bar{x} = \frac{1}{n}(x_1 + x_2 + \cdots + x_n) = \frac{1}{n}\sum_{i=1}^{n} x_i$

分散　$\sigma^2 = \frac{1}{n}\{(x_1 - \bar{x})^2 + (x_2 - \bar{x})^2 + \cdots + (x_n - \bar{x})^2\} = \frac{1}{n}\sum_{i=1}^{n}(x_i - \bar{x})^2$

標準偏差　$\sigma = \sqrt{\sigma^2}$

変動係数 $= \frac{\text{標準偏差}}{\text{平均}} = \frac{\sigma}{\bar{x}}$

期待値　$\mu = E(X)$

離散の場合　$= \sum_i x_i f(x_i)$

連続の場合　$= \int_{-\infty}^{+\infty} x f(x)\,dx$

分散　$\sigma^2 = V(X)$

離散の場合　$= \sum_i (x_i - \mu)^2 f(x_i)$

連続の場合　$= \int_{-\infty}^{+\infty} (x - \mu)^2 f(x)\,dx$

$V(X) = E(X^2) - \mu^2$（分散 ＝ 2乗の期待値－期待値の2乗）

$E(aX+b) = aE(X) + b$　ただし a, b は定数

$V(aX+b) = a^2 V(X)$

標準化得点 $= \frac{\text{データの値} - \text{平均}}{\text{標準偏差}} = \frac{x_i - \bar{x}}{\sigma}$

偏差値 $= \frac{\text{データの値} - \text{平均}}{\text{標準偏差}} \times 10 + 50$

記号一覧

記　号	読　み	備　考
α	アルファ	有意水準（第1種の過誤の確率）
β	ベータ	第2種の過誤の確率
ε	イプシロン	誤差項
θ	シータ	パラメータ（母数）
μ	ミュー	平均
ρ	ロー	相関係数
σ	シグマ	σ 標準偏差，σ^2 分散
Σ	シグマ	σ の大文字，足し算の記号
χ	カイ	カイ2乗 χ^2 分布
ω	オメガ	
Ω	オメガ	ω の大文字，全事象，標本空間
$\bar{x}$	エックス・バー	標本の平均
$\hat{x}$	エックス・ハット	標本から求めた推定量
R^2	アールスクエア	決定係数，（重）相関係数の2乗
$P(A)$, $Pr(A)$	ピーエー	probability A，事象 A の起きる確率
$P(A \mid B)$		conditional probability A under the condition B，事象 B が起きた条件下で事象 A が起きる条件付き確率
H_0	エイチ・ゼロ	帰無仮説
H_1	エイチ・ワン	対立仮説
$E(X)$	X の期待値	
$V(X)$, $Var(X)$	X の分散	
$Cov(X, Y)$	X と Y の共分散	
$N(\mu, \sigma^2)$	平均 μ，分散 σ^2 の正規分布	
$B(n, p)$	試行回数 n，成功確率 p の二項分布	
$\chi^2(m)$	自由度 m のカイ2乗分布	
$t(m)$	自由度 m の t 分布	
$F(m, n)$	自由度（m, n）の F 分布	

序章 データ分析は文系にも役立つ

1 どうしてデータ分析を学ぶのか

初めてデータ分析，あるいは統計を学ぶ文系学生は疑問に思うかもしれない。なぜ統計を勉強しなくてはならないのか。容易に想像がつくと思うが，ゼミの研究や卒論研究で，統計を知っているのと知らないのとでは大きな差がつく。もちろん，ヒアリングやケーススタディなど定性的な調査によって良質な研究を行うことは可能だが，データを定量的に分析する知識とスキルがあれば，手段の選択肢が格段に広がる。これは紛れもない事実である。しかし，これ以上に大切な目的があると筆者は考えている。大学のゼミや卒論だけのために統計を学ばなければならないとしたら，統計に対して“乗り気になる”のは勉強好きな人だけかもしれない。

実は，本書のような統計の初歩を学習することは社会に出てからも大いに役立つことなのである。ひと言で表現するなら，統計学習の目的は「きちんと考えることを学ぶこと」と言っても差し支えないだろう。

統計学は論理的に考えることを学ぶ手段の1つだ。手段の「1つ」と書いたのは，きちんと考えるためのツールは論理学など他にも存在するからだ。大学が提供する履修科目にはいくつかの目的・効用がある。科目の特徴によって重点は異なるだろうが，各科目とも以下の獲得・練磨につながると考えられる。すなわち，①実用的スキル・教養的知識，②生きる姿勢・態度，③論理的思考力――の3種類である。入門レベルの統計学は①もさることながら，③によく当てはまっている。中学・高校で学ぶ数学だって実はこれに当てはまるのだが・・・。

大切なことを書いているつもりだが，抽象的な前置きを書くと，眠くなるかもしれない。ここまで書いてきて，諸君が授業中に机の下でスマホをいじったり，ついには机に突っ伏してしまったりする姿が思い浮かんできた。だから，前置きはこのぐらいにしよう。

次節からは，どんな場面で統計の考え方が役立つのか，あるいはどのように「きちんと」考えるべきなのか，事例に即して述べることとする。

2　実用的なスキルとして

まず，本書を学習することによってどんなことが理解できるようになるのか，簡単に説明しよう。

近年，従業員の満足度調査を実施する企業は多い。例えば，全社の従業員に「仕事に満足しているか」を尋ね，「満足」「どちらでもない」「不満」の３段階で答えてもらう。「満足」と答えた従業員はＡ社全体で30％，スタッフ12人のＸ課では33％だったとする。Ｘ課長が「うちの部署は全社平均よりも従業員満足度が高い」と言っていたらどうだろう。スタッフ12人中，４人が「満足」と答えたことになるが，これは常識で考えても「あまり意味のないこと」「どれほどの違いがあるのか」と直感的に思うだろう。

違いに意味があるのか，統計的にテストすることは本書の前半で学ぶ事柄である。「差は統計的に有意でない」「違いは確率的誤差の範囲内にある」などという言い方をするが，要するに「違いは偶然に起因するもので，意味のあるものではない」ことを意味している。統計の初歩を知らないと，出てきた数字に対してとんでもない勘違いをしたり，間違った主張をしたりすることになりがちだ。統計的検定については第８章までに学習する。

諸君が就職して，企業の営業か企画部門に配属されたとしよう。もし上司に，「当社の商品Ａ,Ｂの売れ行きとそれぞれの商品への広告やキャンペーンに使用した費用の関係を調べてレポートしてほしい」と言われたらどうするだろう。

「投下費用と売上の関係を商品A, Bそれぞれについて分析する」と考えるなら，過去何年かのデータを使って，第9章から学習する回帰分析を適用することができる。投下費用1万円当たりの売上に対する貢献を数値で示すこと，その効果を商品A, Bで比較することも可能だ。実は，「投下費用の売上に対する貢献」を分析することは簡単なことではない。統計に詳しい人だと，分析上のさまざまな問題点を指摘するだろう。しかし，諸君にはまず以下のような点に注目してほしいと思う。

科学の要件として「再現性」や「反証可能性」が挙げられることが多いが，上の課題に対して，到底そんなことは望めない。つまり，すでに起こった事象を忠実に再現することは不可能だし，反証するための実験も容易ではない。広告費を「使った場合」「使わなかった場合」を比較するために，仮に別々の都市で実験しても，広告費以外の条件を同じにすることは不可能だろう。

例えば，ある薬の効果（薬効）を試す時，同質の被験者を2つのグループに分け，一方に薬効を仮定する薬を与え，他方には偽薬（「プラセボ」という）を与えて比較する。こうした実験を「**制御された実験**」という。「制御する」とは，「比較したい点だけ異なるが，その他の条件は同一になるように統制すること」である。「病は気から」とも言うが，逆に「薬を飲むという行為が心理的なプラス効果を通じて症状を改善する」こともある（「**プラセボ効果**」という）。したがって，「薬を飲む」行為までは同一にする必要がある。そうしないと，「真の薬効」なのか「プラセボ効果」なのか区別できないからだ。

上に挙げた「広告と売上」だけでなく，一般に，経営学や経済学など社会科学では同じ現象を再現してみせたり，実験によって反証したりすることが不可能なケースが多い。社会科学だけでなく自然科学でも，種の進化を探る生物学者や恒星の一生を研究する天文学者も制御された実験はできないかもしれない。

しかし，いつも同じ反応をするとはわからないような事象，例えば広告を見た消費者が買う時もあれば買わない時もあるといった，そんな「確率的な事象」を分析するとき，再現性がなくても統計の初歩を知っていれば，さまざまな推測が可能となり，企業などが直面する現実の問題に対して大きな力を発揮する。「正確な実験ができないし，事象を再現することもできないから，広告と売上の関係について言えることは何もない」と主張したら，「理屈は立派だが君は使えない」と言われるのがオチだろう。

本書の学習によって，回帰分析が理解できるし，実際にデータに即して実行できるようになる。

3 常識に基づき思考を鍛える

大事なことは「ちゃんと考える」ことなのだが，言われてみれば当たり前のことも，言われる前からきちんと考えるのは意外と難しい。常識を使って論理的に考えることは，実社会では本当に大切な能力だ。そして，統計学の初歩はこうした能力を鍛えてくれる。きちんと考えるためのきっかけを与えてくれるのだ。もちろん，いつも論理的にしか考えない人は大変つまらない人だろう。情緒に流され，時に非論理的な判断に身を委ねることも人間的なことだと思う。しかし，企業組織などで論理的に考えることが必要になる場面は多いものだ。

前節の最初の例で，「満足」と答えた割合が有意に違うか否かを統計的に分析できると述べた。しかし，そもそも「差が統計的に有意」であったとしても，それ以上の意味はない。「統計的にすら有意でなければ」出てきた違いは偶然の産物とみなされても仕方ない。しかし，統計的に有意であったとして，実質的な意味を持つかは「文脈」や「常識」に即して判断する。

例えば，先の従業員満足度調査で，100 人を擁する部署の 37%が「満足」と答え，全社の 30%と比べて差が統計的に有意だったとしよう。しかし，7 ポイント上位にあるという事実を成果として喧伝するよりは，全社的にも当該部署でも 3～4 割の従業員しか満足していない事実に着目し，「満足」や「不満」の理由をきちんと吟味するほうがよほど生産的と思われる。あるいは，「不満」なのか「どちらとも言えない」のかの違いも含めて，全体の構成比を検討することも必要だろう。このように，データを分析しておしまいではなく，「分析する」という行為は，さらにその先にある知見を発見するための手がかりや指針を提供してくれるものだ。

第５章以降で学ぶ「統計的検定」という考え方の中では仮説（帰無仮説という）を設定する。その仮説が「ＡとＢは等しい」だったとしよう。しかし，この仮説を否定するための十分な（統計的な）証拠はなかったとする。このとき，ただちに「ＡとＢが等しい」ことが証明されたことになるだろうか。それはまるで，「彼は犯人だと疑われるがまだその証拠はない」という事実に基づいて「彼は無実である」と即断するに等しい過ちである。統計を学ぶことによって，こんな常識をも再確認させてくれる。

広告と売上の例も同様だ。売上は広告やキャンペーンだけに影響されるものではない。消費者の所得環境，競合商品との価格差等々，多くの要因が関係しているはずだ。そんなことを考えるうちに，「売上よりも競合商品とのシェアの違いを分析すべきではないか」とか「広告の効果が売上に影響するには時間がかかる」とか，「広告やキャンペーンの効果はどの程度持続するのか」「商品の広告でなく企業広告はどうだろう」等々，さまざまな考えが浮かんでくるだろう。こうした例からも，分析は終わりではなく，思考を深める契機になる。

4　調査は正しいやり方になっているか：方法の問題

(1)　調査対象は全体の縮図か

統計を学び始めると，間もなく「**母集団**」と「**サンプル（標本）**」という用語が登場する。母集団とは「知りたい対象範囲」，サンプルとは「母集団から選び出して調査する対象」のことだ。通常，知りたい範囲すべてを調べることは時間，手間，コストの観点から難しいので，サンプルを選ぶことになる。

選挙のとき，事前調査や出口調査をしていることはご存知と思う。調査結果に基づいて，メディアが候補者の優勢劣勢を報道したり，選挙結果を予想したりしている。場合によっては，開票率が０%でも当確（当選確実）と報道されることもある。こうした調査は有権者全員に実施しているわけではない。何度か選挙に行ったことのある人はわかると思うが，出口調査の対象となることはさほど多くない。だとすれば，有権者を母集団とし，出口調査対象をサンプルとした場合，サンプルは母集団に対してそれほど大きな割合を占めていないだろうと推測される。

にもかかわらず，出口調査の結果で選挙結果のかなりの部分が予測可能なのはどういうわけだろうか。実は，サンプルが「母集団を代表しているなら，つまり母集団のミニチュアとなっているなら」数千人のサンプルがあればかなり正確に予測することは可能なのである。ただし，カギ括弧の中が大事である。

ここで，サンプルが母集団のミニチュアとなっていなかった例を紹介しよう。かなり古い話だが，有名な事例だ。フランクリン・ルーズベルトはご存知だろうか。「ニューディール政策」「ヤルタ会談」･･･ 高校で世界史を勉強した諸君なら，こんなことを思い出すかもしれない。

1936年，共和党はランドン，民主党はルーズベルトを大統領候補に指名した。リテラシー・ダイジェスト社という雑誌社はサンプル調査の結果，ランドンの当選を予想し，見事に外してしまう。サンプルが母集団のミニチュアになっていなかったからだ。つまり，同社が集めたサンプル数は200万人以上であったが，雑誌の購読者，電話の保有者のリストから選ばれたため，富裕層に偏っていたのである。富裕層は共和党支持者が多かったのに対し，中間所得層以下は圧倒的に民主党支持者が多かった。

このとき，サンプルの代表性を意識し，リテラシー・ダイジェスト社の1%未満のサンプル数からルーズベルト大統領の誕生を予測したのがジョージ・ギャラップ率いるギャラップ社であった。同社はその後，世論調査機関として不動の地位を獲得する。サンプル数よりも，その選び方がいかに大事かがわかる逸話である。

サンプルが母集団の縮図となっているか否かを統計用語で，「サンプルの代表性」と言う。そして，サンプルの選び方が偏っている場合，そのサンプルには「**サンプル・バイアス（サンプル・セレクション・バイアス）**が存在する」という。

⑵　回答者に一定の傾向はないか

サンプルの選び方（抽出方法）は適切であっても，答えてくれる人に偏りがある場合もある。総務省が管轄する「家計調査報告」という政府統計がある。委託された調査員が一軒一軒家庭訪問をして，調査への回答を依頼する。しかし，筆者も回答に協力したことがあるのでよくわかるのだが，回答する手間はハンパないものだ。「数カ月にわたって毎日の家計簿を記入する」「毎月の給与明細も記入する」…。コンビニで買い物した際のレシートもきちんと取っておいて，忘れないうちに購入品目と数量，金額を記録するのである。スーパーで野菜等を購入すれば，重量を計らなければならない。「キャベツ（550g）」等と表記する必要があるからだ。このために秤をもらったりする（その他にもジュースなど調査協力への謝礼がある）。

この調査に協力する人は一体どんな人だろうか。学生諸君にも察しはつくだろう。比較的時間があって几帳面な人が多いのではないだろうか（ちなみに，筆者が調査に協力したのは，上記のカテゴリーに属するという理由ではなく，当時「家計調査報告」の愛用者だったからである）。また，非常に収入の少ない人や，大きな不労所得のある人も調査への協力を拒否しがちであると聞く。適切に選ばれたサンプル候補から回答者が特定の傾向を持って偏っている場合，「サンプル・バイアス」の一形態ではあるが，特に「**応答バイアス**」が存在するという。

以下のような例も，言われてみれば当たり前かもしれないが，見過ごされるケースも多いのではないだろうか。企業が行う顧客満足度調査に協力して答えてくれるのは概ね満足した顧客である。不満な顧客は何も言わずに去っていく（あるいは，その調査現場にいない）ことが多い。また，人々の意識調査，例えば「受動喫煙に対する意識調査」では，喫煙者よりも非喫煙者のほうが調査へ協力してくれる割合が高いであろうし，「健康に対する意識調査」では現在，体調のすぐれない人は回答率が低くなる。

また，せっかく回答してくれるサンプルが「本当のこと」を語ってくれるのか，という問題もある。例えば，面と向かって年収を聞かれた時，他人より少ないと自覚している人は多めに答えるかもしれないし，多いと思う人は控えめに答えるケースもあるだろう。

また,「うっかり」しやすいケースもある。先に挙げた「家計調査報告」で,忘れやすい項目を思い浮かべると，ネットで購入した商品（領収書がないことがある),そして受取利息・配当等の資産所得（いつの間にか通帳についていたりする）などがある。こうした項目の存在は，回答者が隠す意図がなくても,ついうっかり真実と異なる報告をしてしまうことがあることを物語っている。

調査や調査結果の解釈では，こうした「少し考えれば当たり前」をきちんと考えることが必要だ。

5 統計データの解釈には注意が必要

(1) 単純な勘違い

前節では，母集団からのサンプル抽出やサンプルの回答傾向について考えるべき点をいくつか述べた。「サンプル・バイアス」「応答バイアス」は統計用語の装いをまとってはいるものの，考えれば「当たり前」と言えなくもない。

本節では,「出てきた統計を正しく解釈する」点から考えてみよう。紹介する事例も,「考えればさらに当たり前」あるいは「常識」に属する事柄である。それでも，勘違いは起こりやすいので，注意が必要である。

以下の例を考えてみよう。某国では都市部と農村部の所得格差が問題になっている。しかし，所得の伸び率を比較すると，近年は都市部よりも農村部のほうが高いとしよう。これは数年前，筆者が実際に公式の場で聞いた話である。この報告者は，都市部・農村部の所得格差が縮まっていることを言いたかったようだが，本当にそう言えるのだろうか。

少し考えればわかることだが，例えばある人Aの年収が300万円，別の人Bは600万円だったとしよう。つまり，300万円の格差がある。Aの所得が10%増えれば330万円，Bの所得が7%増えれば642万円となる。何のことはない。所得増加率は低所得のAが高所得のBを上回っていても，格差はこのケースだと300万円から312万円に広がっている。

(2) 平均が語ること

「当社従業員200人の平均年収は650万円」と謳っている企業があるとする。これはどんな状況を意味するのだろうか。① 200人全員が650万円のケース，②一般社員160人が500万円，管理職30人が1,000万円，社長を含む役員10人が2,000万円というケース，③ 199人の社員が300万円，ワンマン社長だけ7億300万円のケース――等々，実にさまざまな場合が想定される。①～③だけでも，それぞれの状況が大きく異なり，平均値だけ知ってもあまり意味がないことがわかる。世帯年収なども同様だが，分布（構成比）が偏っているときは，平均値がもたらしてくれる情報はあまり多くない。

世帯年収などは**中央値（メディアン）**をみるほうがよい。例えば，5,400万世帯の年収を平均しても，極端に多い世帯に引きずられるため，平均値は大半の世帯よりも大きい値になる。中央値は，年収の高い順に数えて，2,700万番目の世帯の世帯年収（正確には2,700万番目と2,700万1番目の平均）である。これをみれば，それより多い世帯と少ない世帯が半数ずつになる。

上記企業の例であれば，むしろ**最頻値（モード）**をみることが，多くの人にとって役立つのではないだろうか。つまり，最も該当する人の多い値であり，このケースでは一般社員の年収である。特に，これから就職活動を始める大学生なら，大多数を占める一般社員の年収が知りたいはずだ。平均650万円と言われても，一般社員の年収は，①なら650万円，②は500万円，③であれば300万円となり，大きな違いがある。

(3) 見せかけの相関

高校1年生を対象に1週間の平均学習時間とある模試の成績をプロットして，図表0－1のような結果になったとしよう。サンプルは2つの高校の生徒から選ばれたとする。A高校は系列大学の附属高校であり，高校への入学は難しいが，通常はそのまま大学に進学できるので入学後の学習時間は短めであるとしよう。一方，B高校は公立でA高校ほど難関ではないが，入学後の勉学意欲は高いと仮定する。A高校，B高校ごとにサンプルをみると，やはり学習時

図表0－1　それぞれは右上がり，でも全体では右下がり

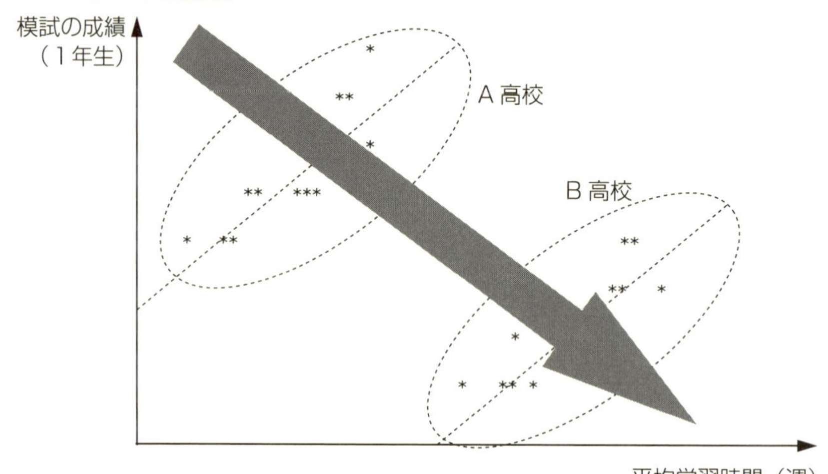

間が長いほど模試の成績もよい傾向がわかる。ただ，1年生であるので，高校入学前の学習の蓄積はA高校の生徒が上であり，したがって模試の成績も概ね上位にある。

しかし，そのような事情を考慮せず，あるいは2つの高校からのサンプルとは知らずに，散布図をみると，「学習時間が長いほど模試の成績は悪い」傾向が読み取れてしまうのである。A高校，B高校の括りを外してみると各サンプルが右下がりの形状に分布することがわかるだろう。こうした事象については，第11～12章できちんとした形で扱う。

「さまざまな分析をする前にデータを図示して眺めること（分布などを確認すること）」とは計量経済学の泰斗，畠中道雄先生の言葉である。難解な数式を駆使して多くの業績を残した大家による含蓄ある言葉だと思う。筆者も分析を行う際にはよく思い起こす。

(4)　因果関係は複雑

夏に気温が高くなるとアイスクリームがよく売れるようになる。これは「そんなものか」と誰もが思う。まさか「アイスクリームが売れるから気温が上が

る」と考える人はいないだろう。では，第２節でも登場した広告と売上の関係はどうだろうか。「広告費を増やすと売上も増える」という事実はあるのだろうか。過去のデータを調べて，某企業の（あるいは某業界の）広告費と売上高の増減は連動していることがわかったとする。では「広告費を増やすと売上も増える」と結論してよいのだろうか。注意深く，逆の可能性を考えてみなければならないだろう。つまり，当該企業（あるいは業界）は，売上の一定割合を広告費とする慣行があったとしたら，因果は逆ということになる。すなわち，「売上が増えたから広告費が増えた」のであって，広告が売上を増やす効果があるとは言えないことになる。

あるいは，こんなことも考えられる。広告費と売上高の関係を例えば30年など，長期にわたってプロットすると，双方が経済成長率や物価上昇率と同じように動いていたとする。もしそうであれば，マクロ経済の状況が売上にも広告費にも大きな影響を与えていた面が強く，双方が原因とも結果とも言い難いことになる。

もっと単純な例も考えられる。某国の何百とある都市において，人口10万人当たりの凶悪犯罪発生件数と警察官の数を調べてみたら，明らかな正の相関があった。つまり，人口当たりの警察官の数が多いほど犯罪発生率も高かった。これをもって，「警察官を増員すると犯罪が増える」と言ったら，即座に嘘だと思うだろう。「犯罪が多いから警察官を多く配置しているに過ぎない」と。つまり，データやデータ分析の結果を解釈するには「常識」が必要なのだ。

同じような例は，「肉を好んで食べる人ほど長生きである」と聞いたら，「長生きの人ほど（元気だから）肉食の機会も増えるのでは」と疑ってかかるのが正しい態度だろう。ただし，この例における因果の真相は不明としておく。

6　トリビアか

「常識」の範囲には収まらないが，統計のトリビア（雑学的知識）も１つだけ紹介しよう。予知能力を持つとされる人の能力の有無を確かめるため，他人がサイコロを投げる前に出る目を当てる実験を行うとする。１回だけ投げるとき，言い当てる確率は1/6である。60回のうち当たる回数の期待値（理論的な平均値）は10回だが，ある人が12回当てたからといって予知能力があると言ったら，きっと笑われてしまう。10回と12回の違いは偶然（確率的な誤差）の範囲内だ。

しかし，6万回のうち1万2,000回当てたとしたら，それは偶然の結果として起こる確率は極めて0に近い。（百発百中からはほど遠いものの）ここはこの人物のなにがしかの能力を信じざるを得ない。でなければ，実験に何らかの不正があったとみなすべきなのだ。トリビアと書いたが，どうしてそうなのかは，高校1年生の数学Aで学習した「確率」をおさらいすれば理解できる（ただ，桁数が大きくなりすぎて計算は困難かもしれない）。

7 統計を学ぶ意味：要するに

統計を学ぶ意味を振り返ってみよう。「きちんと考える力，真っ当な常識に基づいて思考できる能力と習慣をつけること」――これが統計を学ぶ意味に他ならない。データ分析の入門レベルを学ぶことによって，論理的・常識的にきちんと考える力を養ってほしい。いや，もともと学生諸君が持っている「ちゃんと考える力」を習慣的に発揮できるようにすることかもしれない。こうした習慣は，諸君が社会に出てからも必ず必要になるものである。少なくとも，「筋の通らないこと言う人だ」といったレッテルを貼られないよう，もっと積極的には「必要な時はきちんと筋道立てて考えられる人」と思われてほしいのだ。

本書のような入門レベルの統計学を学習することによって，物事を論理的に考える能力が向上する。そのことは，長い人生の中できっと役立つことだと筆者は確信している。

上記以外の側面から，1つだけ付記しておこう。今やビッグデータの時代だ。どの企業も大量のデータを蓄積している。しかし，データを抱え込んで，どうしてよいかわからない企業が，実は無数にある。分析方法がわからないわけではない。何百何千もの日々のデータが何年分もたまっていて，データのいかなる組み合わせが有益な知見を生むのか，見当がつきかねているのだ。つまり，仮説設定力やセンスの問題と言える。

逆説的に聞こえるかもしれないが，サイエンスを正しく学ぶことによって，センスも磨かれる，少なくともセンスの重要さに気付くはずだ。計算結果は瞬時に得られても，その結果を解釈し活かすのは人間だ。サイエンスでわかることの限界をきちんと認識することによって，経験やセンスの大切さを痛感するようになる。

ずいぶん古い話だが，“How to Lie with Statistics”（統計で騙す方法）という著書が話題になったことがある。筆者は，1990 年代半ばに東欧出身の統計学者に勧められて読んだ記憶がある。そこで取り上げられていた事例は，ほぼすべてアメリカのものであり，しかも相当に古い資料であったと記憶している。だから必ずしも現代の日本の若者が読むべきとは思わない。

しかし，一点だけ強く共感した個所があった。それは，統計データをねじ曲げて恣意的に使おうとする者は，統計の専門家よりも，むしろ広告宣伝担当の実務家だったりジャーナリストだったりする――という一節である。筆者の感想なのだが，統計のしろうと，つまり入門レベルもきちんと学んでいない人は，騙そうとか，ねじ曲げようという意図ではなく，自説を裏付けるように見える数字に飛びついて，早合点して使ってしまうのだと思う。人は基本的に「見たいものしか見えない」存在なのだから。

諸君は，初歩をきちんと学んで，間違わずに使ってほしい。そして間違った使われ方を目にしても，惑わされず冷静に見抜いて判断を下してほしいと切に願っている。

8　統計ソフトRについて

本章の最後に統計ソフトRについて説明しよう。「はじめに」に記したように，本書はRによる実習をしながら進める構成となっている。そのほうが，内容理解も進むし，理解した知識に基づいてどのように実践できるのか，実感が持てるからだ。

では，なぜRを使うのだろうか。世の中にはさまざまな統計ソフトがあふれているが，今や統計分析の主流はRである。これはデータ分析を専門とする研究者も同じである。まず，Rがフリーソフトであることが挙げられる。文字通り誰でも，ネットからダウンロードしてタダで使えるのである。一方，巷の多くのソフトウェアはその大半が有料ソフトとなっており，場合によっては1年単位で更新料が発生したり，頻繁にバージョンアップされるため，古いバージョンのメンテナンスがストップしたりする。Rにはこうした心配はない。

2つ目に，多くの専門家がRの利用者・愛用者であるという事実自体が利用者にとってメリットとなっている。大勢の専門家が利用するので，ソフトとしての機能も精度も，他のどんな統計ソフトと比較しても遜色がないほど高水準に達している。初学者が高度な分析ツールを使用することはあまりないかもしれないが，バグがほとんどない，あっても日進月歩でつぶされていく状況は，利用者にとっての最大のメリットとも言えるだろう。また，利用者が多いため，Rのコマンドが共通言語として通用する。世界中ですぐに話が伝わるのだ。

あたかも，Windowsがパソコンの標準OSとなっているような状況である。「みんなが使っている」からますますポピュラーになる，利用者が多いほどメリットも大きくなる…多くの人の関心が向くことによって，ソフトとしての精度も向上し，新しい機能も拡充される，そんな好循環ができてしまっている。この船に乗らずに，有料ソフトへの依存を続けるのは，得策ではないだろう。

以前は，コマンド形式のため，やや敷居が高いという受け止め方もあったが，近年はRコマンダー（R Commander），Rスタジオ（R Studio）といった補助ツールが充実しており，すべてのコマンドを入力する必要はなくなっている。メニュー選択の方式でも利用できるため，初心者にとっても使い勝手が良くなってきた。あまり身構えずに，ゲーム感覚で気軽に操作してみることをお勧めしたい。

第 I 部

データ分析のための準備

まずはデータ分析のための準備である。序章ではデータ分析を学ぶ意味について例を挙げながら述べた。統計が意外と身近であることがわかるとともに，誤解しやすい点や留意点も理解できただろう。第１～２章は分析に先立つ基礎を解説する。まず，データを平均値などの代表値に集約したり，グラフに表したりする方法を説明する。これらは分析以前の予備知識である。第３～４章では，確率に関する基本的な考え方や期待値といった概念を説明する。いずれも，第５章以降の推測統計につながる考え方である。

第1章　データを集めて要約する

本章のポイント

データの種類

- データ分析の対象となるデータは，**質的変数**と**量的変数**に分類される。
- 「質的変数」は数量で表すことが困難なデータで，質的変数はさらに「名義尺度」と「順序尺度」に分かれる。名義尺度とは，性別，所属学科，学年等，分類（カテゴリー）を示す。順序尺度は，「反対」「やや反対」「中立」「やや賛成」「賛成」など順番が付けられるデータである。ただ，順序がわかっても，「反対」と「やや反対」の違いは，「やや反対」と「中立」の違いと同じと仮定できない点で，やはり質的変数であって量的変数ではない。
- 「量的変数」は数値で表現でき，その数値が相対的な意味を持っているデータである。身長，体重，テストの点数，売上高などが例となる。「相対的な意味を持つ」とは，「売上100万円と200万円の差は，200万円と300万円の差と同じ100万円である」とか「売上200万円は100万円の2倍である」という言い方ができるという意味である。

度数分布表

- データを集約して表現する方法の1つ。区間ごとに度数（当てはまる個体数（サンプル数）を記述する。
- データが質的変数の場合：例えば，男女別の人数を表形式で表す。ある意見に対する「反対」～「賛成」（5段階）の人数を表形式で表す。
- データが量的変数の場合：各区間（階級という）は原則として等間隔とする。例えば，「10歳児の身長」の分布なら，5cm刻みで，「120cm未満，120～125cm，125～130cm，…，155～160cm，160cm以上」のように設定する。また，階級は「以上」「未満」を使用し，「超」「以下」は使わない（注記がなくてもそのように解釈する）。

ヒストグラム

- 量的変数に関する度数分布表を棒グラフで図示したもので，数字よりも視覚的にイメージがつかみやすい（ただ，各階級に属する正確な個体数はわからない可能性もある）。
- 区間（階級）の定義の仕方は度数分布表と全く同じ。グラフに描くとき，横軸（＝階級）も数量なので必ずくっつけて描く。
- 質的変数の場合は，男女別や「反対」～「賛成」（5段階）別に個体数や構成比を棒グラフで表すことができるが，これはヒストグラムと呼ばない（あくまで「棒グラフ」である）。つまり，ヒストグラムは棒グラフの一種だが，すべての棒グラフがヒストグラムなわけではない。

代表値

- 一連のデータを1つの数字で代表する場合，その値を代表値という。典型的な代表値として，**平均値**，**中央値**（メディアン），**最頻値**（モード）がある。平均値は最もよく使われる算術平均のほか，幾何平均などもあるが，本テキストでは平均値と書くとき，算術平均を意味することとする。

- 平均値（算術平均）：すべての数値を足して個体数で割る。最もポピュラーな代表値。ある集団（例えばＡ中学１年生の１組と２組）の成績を比較する場合，１組の平均点は○○点，２組は△△点——といった比較を行うことが一般的であろう。
- 中央値：データを小さい順（大きい順でも同じ）に並べ，真ん中にくるデータの値。データの数が偶数のときは，真ん中２つのデータの平均を中央値とする。例えば，11個のデータがあれば，６番目のデータが中央値，12個のデータであれば，６番目と７番目のデータの平均が中央値になる。
- 最頻値：最も個体数や構成比の多い階級・カテゴリー。平均値や中央値は量的変数にしか定義できないが，最頻値は質的変数に対しても定義できる。ある意見に対する「反対」～「賛成」（５段階）で「やや賛成」が最も多ければ，それが最頻値（最頻のカテゴリー）であるという。

外れ値（異常値）

- 明らかに全体の分布から外れている値を「外れ値」（または異常値）という。「どれだけ外れていると外れ値か」に関する明確な定義はない。

箱ひげ図

- 中央値はデータの真ん中の値だが，下から４分の１の値を第１四分位点，４分の３の値を第３四分位点と呼ぶ。第１四分位点～第３四分位点を箱で表し，箱の上端から最大値へ，箱の下端から最小値へ線を伸ばした図を「箱ひげ図」という。
- ただ，（第３四分位点－第１四分位点）× 1.5の範囲（*）に入らないデータを外れ値と定義することがある。このとき，箱ひげ図は，箱の上端・下端から上記（*）の範囲まで線を延ばすが，外れ値までは線を延ばさない。
- 箱ひげ図は，ヒストグラムと同様，データの分布を視覚的に捉える方法の１つである。

• Keywords •

- 質的変数，量的変数，名義尺度，順序尺度
- 度数分布表，ヒストグラム
- 平均値（算術平均），中央値（メディアン），最頻値（モード）
- 外れ値（異常値），箱ひげ図

考えてみよう！

データを読む，あるいは見ることについて考えてみよう。次の**図表1－1**は，2人以上の世帯が1年間にイチゴに支出する金額の表である。

都道府県別に47個の値がある。この表を一瞥してイチゴへの支出額について語るのは難しい。第1章では，データをどのように加工すればその特徴を見出しやすくなるか，あるいは伝えやすくなるかを考える。

図表1－1 イチゴの家計支出額データ（年額，円）

都道府県	支出金額	都道府県	支出金額	都道府県	支出金額	都道府県	支出金額	都道府県	支出金額
北海道	2,563	埼玉	3,563	岐阜	2,787	鳥取	2,606	佐賀	2,548
青森	2,350	千葉	3,200	静岡	3,706	島根	3,287	長崎	2,915
岩手	3,651	東京	4,138	愛知	3,606	岡山	2,841	熊本	2,227
宮城	3,951	神奈川	4,043	三重	3,532	広島	3,300	大分	2,882
秋田	2,681	新潟	4,010	滋賀	3,341	山口	3,097	宮崎	2,711
山形	2,976	富山	3,134	京都	4,139	徳島	2,790	鹿児島	2,312
福島	2,952	石川	3,161	大阪	3,104	香川	3,265	沖縄	1,791
茨城	3,028	福井	3,330	兵庫	3,461	愛媛	2,416		
栃木	4,872	山梨	3,284	奈良	3,683	高知	2,434		
群馬	3,962	長野	2,973	和歌山	3,068	福岡	2,550		

データ出所：総務省統計局ホームページ，家計調査（2人以上の世帯）品目別都道府県庁所在市及び政令指定都市ランキング（平成25年（2013年）～27年（2015年）平均）http://www.stat.go.jp/data/kakei/5.htm

1　データを集める

(1)　1次データと2次データ

データの利用者が，その利用目的のために収集したデータを**1次データ**という（図表1－2）。そうでない既存データを**2次データ**という。このため，同じデータでもデータの利用者によって1次データになったり，2次データになったりする。例えば，国勢調査は政策当局者にとって1次データである。企業が市場調査に用いる場合，国勢調査は2次データとなる。1次データは2次データに比べてデータの収集に時間が必要だったり，収集の費用が高かったりすることが多い。一方で，目的に適ったデータを収集できる利点がある。2次データは素早く入手できて安価な利点がある場合が多い。2次データを入手する方法として，公的統計やすでに組織内部に蓄積されたデータを用いる方法，データ販売事業者から購入する方法などがある。1次データはリサーチ会社に委託して収集することが多いが，昨今は顧客の購買履歴などのビッグデータを自ら収集する企業や，SNSや自社のホームページなどから顧客の声を自ら収集する企業も増えている。

図表1－2　1次データと2次データの利点と課題の特徴

	定　義	利　点	課　題
1次データ	データ利用者が利用目的のために収集したデータ	利用目的に適う	収集に時間と費用が必要
2次データ	第3者が収集したデータ	入手しやすく安価	利用目的と合致しない点がある

(2)　実験研究と観察研究

天気予報のように不確かだけど雨がどの程度降りやすいかの傾向を扱うのが統計学である。そして，傾向を知るためにデータを集める必要がある。データ収集の方針の違いによって，観察研究と実験研究という2つのアプローチがある。

観察研究（observational study）は対象に関与することなく観察してデータを集める研究方法である。一方，**実験研究**（experimental study）は，対象に関与して操作したり介入したりする研究方法である。どちらの研究方法が適切か，自然と決まる場合が多い。例えば，天気図のここに高気圧を配置したら雨が降るか実験したいと考えて，気圧配置を操作する実験研究は困難である。したがって，天気予報の研究はおのずと観察研究になる。美味しいお米を作るノウハウを知りたい場合では，野生の美味しい稲が勝手に育つのを観察するのはのんびり過ぎるので，積極的に関与する実験研究が適当であろう。

観察研究は，実験研究と異なり分析者が対象に関与しない。具体例として，特定の受験参考書を用いて勉強する効果を観察研究する場合，その参考書で勉強する人としない人を分析者が決めることをせず，その参考書を使っている人と使っていない人を見つけて観察する。このため，分析者が観察対象として受験生を選ぶ以前に，その参考書を使う受験生の学力に偏りがあるかもしれない。学習意欲や進度が原因となって参考書を選ぶ結果となっていれば，参考書の利用が学習効果に影響を与えたと観察して主張するのは正しくない。観察研究を行う際には，原因と結果の順序が意図した通りかどうか注意する必要がある。

実験研究は，現代の統計学を拓いた統計学者の１人である**フィッシャー**（Ronald A. Fisher, 1890－1962）が発展させた手法で，実験計画法とも呼ばれる。フィッシャーは統計学者を目指しながら学会の重鎮の**ピアソン**（Karl Pearson, 1857－1936）との不仲を決め込んで大学を去り，ロンドン郊外のロザムステッド農事試験場の研究員として1919年から1933年の間，農作の実験を通して穀物に与える効果的な肥料の実験方法を確立させた。例えば，肥料を与える**実験群**（experimental group）と，与えない**対照群**（control group）の２群の比較を行い，効果に確かな差があるかどうか比較する実験手順を確立した。統計入門書の内容の多くは，フィッシャーが学者として何ら業績を認められない不遇の時代の成果と関わりがある。統計学の系譜は，書籍『統計学を拓いた異才たち―経験則から科学へ進展した一世紀』（デイヴィッド・サルツブルグ（著），竹内惠行，熊谷悦生（翻訳），日本経済新聞出版社，2010年）

に詳しい。多くの変わった人が登場する。

実験研究で配慮すべきことは，次に記す**フィッシャーの3原則**（Fisher's three principal）である。

①**無作為化**（randomization）：実験対象のグループ，例えば，実験群と対照群の割り付けを無作為に行う。サイコロやコインを投げて選ぶように，分析者が意図した条件以外の傾向を持たないように対象を実験群と対照群に割り付ける。

②**繰り返し**（replication）：肥料を与えた土壌と，与えなかった土壌の状態を完全に同じにすることは難しいであろう。実験した年の降雨量や日照時間の変動が結果に影響を与えるかもしれない。そこで，土壌を変えたりして翌年も繰り返し実験し，意図しない条件の影響を小さくする。

③**局所管理**（local control）：肥料Aと肥料Bと肥料Cを与える3つの土壌を作って実験するように，実験対象を分けて分類条件を管理することを局所管理という。実験群と対照群の2つに分けることも，一つの局所管理である。

2　データの扱い方

(1)　データを表にする

データの分類として，図表1－3の通り**構造化データ**（structured data）と**非構造化データ**（unstructured data）の分類がある。これまでの統計分析ではもっぱら構造化データを扱ってきたが，昨今はビッグデータと呼ばれる非構造化データを扱うこともある。ただし，非構造化データの分析であっても，すでにデジタル化された素朴な構造を持つデータの分析と捉えることができる。例えば，計算機で人の話しことばを認識する場合，音声データを統計的推論によってテキストの文字列に変換し，さらにテキストの文字列を辞書の単語に対応させる統計的推論を行う。素朴なデータ構造から高度なデータ構造を統計的に推論するため必要となるのは，構造化データの分析法である。本テキストではもっぱら構造化データを扱い，単にデータと記す。

図表１－３　データ構造による分類

データ

構造化データ

例：体重測定結果

No	氏名	性別	身長(cm)	体重(kg)	胸囲(cm)
1	鈴木	女性	150	41	75
2	田中	男性	163	55	78
3	石田	男性	162	51	78
4	斎藤	女性	156	53	79
5	山田	女性	159	50	80

非構造化データ
（画像，音，匂い，触感など）

例：Microsoft Xbox One Kinect センサーから取得した3D データ

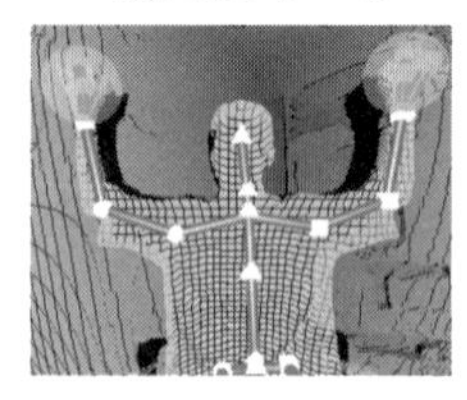

データは図表１－４の通り「n 行× m 列」の表形式をとる。列数は１列（m =1）でもよい。例えば，自身の体重を n 回記録してタテに並べた n 行×１列の表は立派なデータである。さらに測定日を記録しておけば，測定日と体重の２つ列を持つ n 行×２列のデータとなる。

データセットの行を**個体**（case，**ケース**），列を**変数**（variable，**変量**）という。個体の個数，すなわちデータの行数を**データの大きさ**といい，一般に記号 N（number）で表す。また，後述する標本データの場合は個体を標本という。

図表１－４　表形式のデータ

		m 列			
		変数１	変数２	変数３・・	・変数 m
	個体１	・・・	・・・	・・・	・・・
	個体２	・・・	・・・	・・・	・・・
n 行	個体３	・・・	・・・	・・・	・・・
	：				
	個体 n	・・・	・・・	・・・	・・・

(2)　変数の分類

表形式のデータの各列に対応する変数は，カテゴリ名（あるいはラベル）を表す**質的変数**（qualitative variable）と，数量で表す**量的変数**（quantitative variable）に分類できる。一般に，質的変数のカテゴリ名は性別や所属学科のように文字列として扱う。このような変数の性質を議論するとき，変数をあえて**尺度**（scale）と言い換えて図表１－５の通り，**名義尺度**（nominal scale），**順序尺度**（ordinal scale），**間隔尺度**（interval scale），**比率尺度**（ratio scale）と細分類することがある。

この他のデータ分類法として，**離散変数**（discrete variable）と**連続変数**（continuous variable）の２分類がある。離散変数は商品の購入個数のように１個，２個，･･･と自然数などに限定した不連続な値をとる変数で，自由に小数値をとる変数を連続変数という。ただし，体重そのものが連続的に変化する変数であっても，1kg 単位で測定して離散変数として扱うこともできる。データをどの尺度として扱うかは分析者次第で確固たるルールはない。例えば，アンケート調査の選択肢の，「1. 大変そう思う」－「2. ややそう思う」－「3. どちらでもない」－「4. あまりそう思わない」－「5. 全くそう思わない」を順序尺度としたり，間隔尺度としたり，比率尺度として分析することができる。しかし，この選択肢に 5, 4, 3, 2, 1 という値を対応させるのと，10, 5, 3, 1, 0 と値を対応させるのでは分析結果が異なる。分析に基づく主張に説得力を持たせるため，分析者は尺度をいい加減に扱わず，また恣意なく扱わなければならない。

図表１－５　４つの尺度

	尺　度	特　徴	利用できる統計量	例
質的変数	名義尺度	個体の分類（カテゴリー）のラベル	度数，最頻値	性別，職業
	順序尺度	個体の順序を示す	上記に加えて，四分位点	成績（S,A,B,C）
量的変数	間隔尺度	データの値の差が意味を持つ	上記に加えて，平均，標準偏差	摂氏の気温
	比率尺度	データの値の比率が意味を持つ，ゼロが基準点としての意味を持つ	上記に加えて，変動係数	絶対温度，身長・体重

3　度数分布表を作る

(1)　度数分布表

量的なデータを見る方法として，**度数分布表**（frequency table）と，これを棒グラフにした**ヒストグラム**（histogram）がある。例として，図表1－6の通り，都道府県別のイチゴの家計支出額の場合で考える。このデータの各区間のデータ数をまとめた度数分布表がとなる。この区間を**階級**（rank）といい，各階級のデータの個数を**度数**（frequency，頻度）という。

度数分布表の階級の幅はすべて等しく設定する。データ数が多い区間の幅を細かく設定したりすると，度数が多い区間を表から読み取りづらくなる。度数分布表には，相対度数を記すことがある。**相対度数**（relative frequency）は度数の構成比で，これを累積して足した値を**累積相対度数**（cumulative relative frequency）という。最下段の累積相対度数は1（＝100%）となる。表中の計算式は説明として書き込んだもので，四捨五入して表記している。度数の最も多い階級を**最頻値**（mode：あるいは**モード**）という。図表1－6の例では，「2,500円以上3,000円未満」と「3,000円以上3,500円未満」の度数が14の2つの階級の値が最頻値となる。また，区間の中央値を階級の**代表値**

図表1－6　いちごの家計支出金額の度数分布

支出金額（円） 以上～未満	代表値	度　数	相対度数	累積相対度数
1,500　～　2,000	1,750	1	2%	2%（＝相対度数）
2,000　～　2,500	2,250	5	11%	13%（＝ 2% + 11%）
2,500　～　3,000	2,750	14	30%	43%（＝ 13% + 30%）
3,000　～　3,500	3,250	14	30%	72%（＝ 43% + 30%）
3,500　～　4,000	3,750	8	17%	89%（＝ 72% + 17%）
4,000　～　4,500	4,250	4	9%	98%（＝ 89% + 9%）
4,500　～　5,000	4,750	1	2%	100%（＝ 98% + 2%）

(representative value，階級値）という。度数分布表から元データの平均値を近似的に求める場合など，近似的な分析のデータに階級の代表値を用いる。

(2) ヒストグラム

図表１－７は図表１－６の度数分布表の度数の棒グラフで，これをヒストグラムという。ヒストグラムのグラムの語源はグラフと同じく「書いたもの」で，プログラムも同じ語源である。

図表１－７　イチゴの家計支出額（年額，円）のヒストグラム

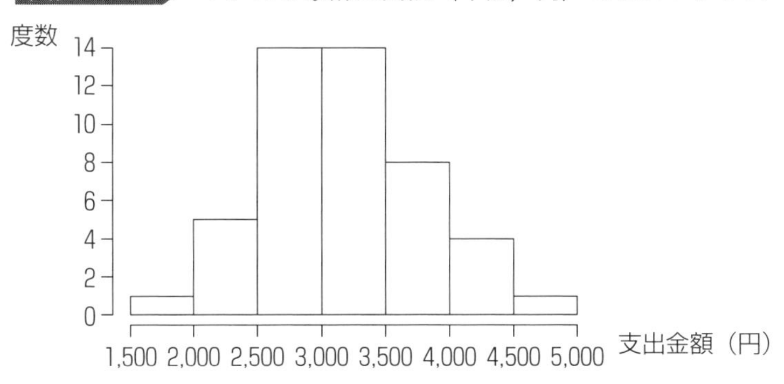

4　代表値に要約する

(1) さまざまな代表値

量的変数について報告を求められた際，全部のデータをそのまま見せる方法と，１つの値に要約して示す両極端な方法がある。例を図表１－８に示した。全データ全体を１つの値に要約して示す値を**代表値**（representative value）という。**平均値**（mean または average）と**中央値**（median，メディアン）と**最頻値**（mode，モード）がよく使われる代表値である。

平均値は，すべてのデータを足して合計を個数で割った値である。

$$平均 = \frac{データの合計値}{データの個数} = \frac{x_1 + x_2 + x_3 + \cdots + x_n}{n}$$

図表1－8 データを報告する両極端な2つの方法

氏名	身長（cm）
鈴木	150
田中	163
石田	162
斎藤	156
山田	159

平均値は 158

方法1．データをそのまま報告　vs.　方法2．代表値を報告

平均値の計算式の x_1（「エックス・ワン」または「エックス・イチ」と読む）は，変数の1つ目の値を表す記号である。図表1－8の例では，鈴木の身長の150cmを x_1 に対応させ，$x_1=150$, $x_2=163$, …, $x_5=159$ で $n=5$ となる。x_i の i の箇所を添え字（index，インデックス）という。平均値はデータの中心的な値として解釈しやすく，よく使われる代表値である。

中央値はデータを小さい値から大きい順（昇順）に並べて真ん中に位置するデータである。図表1－8の例でデータを昇順に並べると

150, 156, **159**, 162, 163

となるので，中央値は159（cm）となる。データの個数が偶数の場合は，真ん中の2つのデータの平均を中央値とする。例えば180cmを追加して，

150, 156, **159**, **162**, 163, 180

の場合は $\frac{159+162}{2}=160.5$ (cm) を中央値とする。中央値は**外れ値**（はずれち）(outlier) の影響を受けにくい長所があるため，平均値より好ましい場合がある。上記の例では，中央値の計算に180の値を使わないので，180cmの値を追加した場合でも，200cmの値を追加した場合でも中央値は変わらない。一方，平均値の計算にはすべての値を使うため，外れ値の影響を受ける。外れ値は例外的に小さい値と大きい値を示す統計用語だが，どこからが外れ値という広く認められた基準はない。分析者の判断で外れ値として妥当な基準を示した上で，分析

するデータから外れ値を除くことが一般に認められている。外れ値の影響を受けづらい代表値やデータ分析の特徴を**頑健性**（robustness，**ロバスト性**）という。もし外れ値を見つけたら，外れた値となった要因を探求するべきである。予想外のことには新たな発見のチャンスがあるため，優れた分析者や報告の聴き手ほど外れ値について知りたがる。

最頻値のモード（mode）がファッション（流行）と似た意味で使われるように，最頻値は最も頻繁に出現する値を示す。先の身長の例では，どの値も1回しか出現していないので最頻値は意味を持たない。データが連続的で多数ある場合は図表１－６の通り度数分布表を作成し，度数が最も多い階級の代表値を最頻値とする。質的データの場合は単純集計で最頻値を求める。例えば1月から12月で最も雨の日数が多い月を知りたい場合は，過去数年間の雨の日数を月ごとに集計して最頻値を求める。

主な代表値をまとめて**要約統計量**（summary statistics）という。基本統計量や記述統計量ということもある。一般に要約統計量といえば，平均値と中央値と最頻値に加えて，**四分位点**（quartile）と最大値と最小値とすることが多い。四分位点には，第1四分位点と第2四分位点と第3四分位点がある。これらの求め方は中央値と同様で，データを昇順に並べて個数を四等分し，最初から最小値，第1四分位点，第2四分位点（＝中央値），第3四分位点，最大値とする。四等分した個数の位置が2つのデータの間にあるとき，中央値の計算と同じように四等分した位置の両隣の2つのデータの平均をとる。図表１－９は昇順に並べた23個のデータの四分位点の位置を記している。

図表1－9 最小値・最大値と四分位点

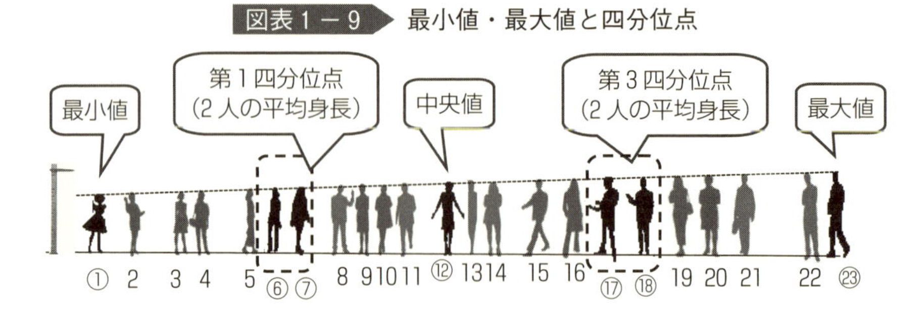

データの範囲（range）とは，最小値から最大値までの幅をいう。

範囲＝最大値－最小値

四分位範囲（interquartile range）とは第1四分位点から第3四分位点までの幅をいう。

四分位範囲＝第3四分位点－第1四分位点

(2)　箱ひげ図

箱ひげ図（box and whisker plot）は，図表1－10の通りデータの最大値・最小値と四分位点の代表値のグラフ化である。四分位範囲を箱で囲み，中に中央値の横線を引く。上にひげを（第3四分位点＋1.5×四分位範囲）超えないデータの値の箇所に描き，同じく下にひげを（第1四分位点－1.5×四分位範囲）以上のデータの値の箇所に描く。ひげより先にある点は外れ値とする。外れ値がなければ，最小値と最大値がひげの位置となる。

図表1－11に，同じデータの出所のメロンの家計支出額の箱ひげ図を描いた。イチゴの箱ひげ図と比較すると，中央値からのデータのちらばりが上下対称でないとわかる。

図表 1 － 10　イチゴの家計支出額の箱ひげ図

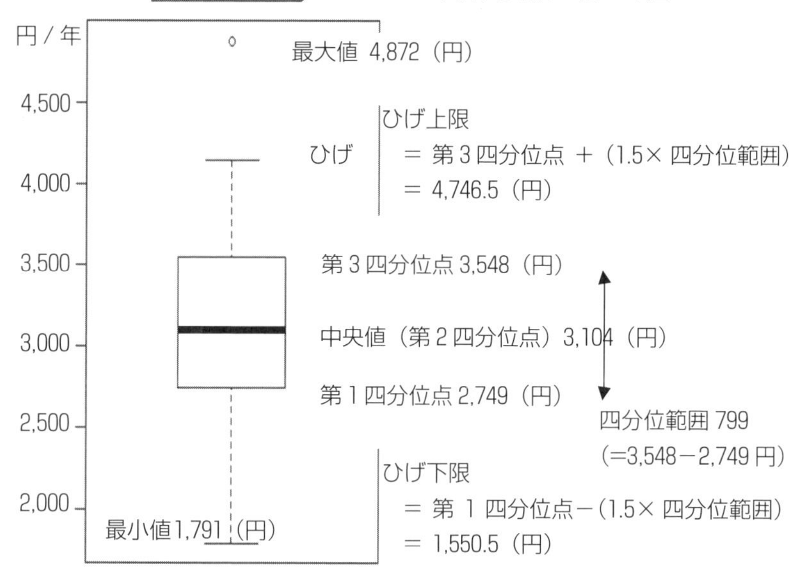

図表 1 － 11　メロンの家計支出額の箱ひげ図

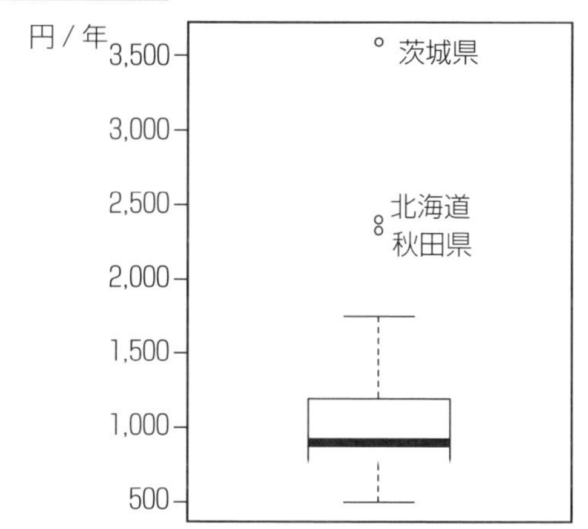

▶Rをインストールして起動する

1. Rをインストールする。

2. Rコマンダーをインストールする。

◆統計ソフトRについて

統計分析ソフト「R」は近年広く利用されるようになったフリーソフトウェアである。Rが登場する以前は，統計ソフトはデータを扱う専門的な職場で利用する高価な商品であった。調査・開発・企画部のような，市場調査をして報告したり，データに基づいて判断して企画したりする限られた部門にのみ用いていた。そのような部門に配属された者だけがソフトに触れる環境にあったので，統計ソフトを使えるスキルを手に入れることは，社会人としての価値を高めることにつながった。すなわち，統計ソフトを習得すれば特定の部門で働きやすく，統計ソフトを習得するためには特定の部門で働くチャンスを手に入れる必要があった。しかし，2000年頃から統計ソフトRが普及し，統計ソフトを取り巻く環境は大きく変わった。最初は統計学者コミュニティと教育現場で，そして実務の現場へとRは浸透していった。Rより以前の，最初の統計処理言語を「S言語」という。S言語は1980年代にAT&Tベル研究所の統計学者達が開発した言語で，世界中の統計学者がS言語を利用してきた。RはS言語のクローンソフトなので，S言語の操作方法がRで再現できるように作ってある。このため，統計学者はS言語からのRへの移行をバージョン・アップのように受け入れた。また，教育現場では学生人数分の商用ソフトのライセンス購入の負担が大きいという要因もあり，フリーソフトウェアのRは教育現場に速やかに浸透している。

Rは単なる統計ソフトではなく，世界中の統計学者が協業して開発する仕組みでもある。統計学者は新しい分析手法を考案して論文を記し，Rのパッケージとして世界中に提案し普及させることで研究実績となる。このため，Rはフリーで提供されながら，最新の膨大な統計パッケージ群を備えている。パッケージの不備は世界中の利用者の指摘を受けて修正され，使われないパッケージは消えていく仕組みである。2003年に250個だったパッケージ数は美しい放物線を描きながら増加し，2016年には8,000個を超えた。実務の現場でRを利用する魅力は，この膨大な最新のパッケージを自由に利用できることにある。昨今の統計手法の発展は目覚ましく，すべてのパッケージについて学び理解するのは難しい。必要に応じてパッケージを検索して使えるようにRは作られている。最初にRをインストールするとBaseと呼ばれる基本機能のみインストールされ，パッケージの追加インストールは利用者次第である。Rはフリーなので，検索すればRに関する論文やブログ記事，まとめサイトが多数見つかる。例えば，「Rで線形回帰」と検索すると多数の検索結果がヒットするだろう。さらに専門的な分析をしたい場合でも，「Rで○○分析」と検索すれば多数のハウツー記事が見つかるので，およそ何をすべきか分かるであろう。世界中の統計学者がRの開発コミュニティを作っているように，利用者も同じくRの利用者コミュニティを作って普及を加速させている。

これまで広く使われてきた統計ソフトの大半は，マウスでメニューをクリックして分析するユーザー・インターフェースが備わっていた。一方，Rは分析のコード，つまりプログラムを書いて使う。マウス操作のソフトに慣れ親しんだ人の多くは，統計を学ぶハードルに加えてプログラミングというハードルを積み増しされた気分になり，当惑するかもしれない。本書はプログラミング教本ではないためRのコードについて説明しない代わりに，ユーザー・インターフェース・パッケージのRコマンダーを用いる。Rコマンダーを用いれば，マウスでメニューを選んで分析ができるようになる。ただし，文部科学省が2020年からは小学校でプログラミング教育を必修化する方針を示しているように，コードを使うスキルが求められる時代である。本書を終えた後，Rのコードを習得するとプログラミングのスキルの重要さを実感できるだろう。

◆ Rをインストールする

まず，Rをインストールする。インターネットに接続したWindowsかMacOSかLinuxのオペレーティング・システム（OS）で動くPCを準備しよう。本書はWindowsの場合で説明する。その他のOSではインストール・プログラムをダウンロードする画面構成が大きく異なる。Rをインストールした後に，Rを起動し，Rコマンダーのパッケージをインストールする。管理者権限でログインしていることを確認してから，Rの公式ホームページを閲覧する。

図表1－12の通り，Rの公式ホームページ（https://www.r-project.org/）の「CRAN」の文字のハイパーリンクをクリックすると，インストール・プログラムをダウンロードするミラーサイトを選ぶページが図表1－13の通り表

図表1－12　R-project.orgのホームページ

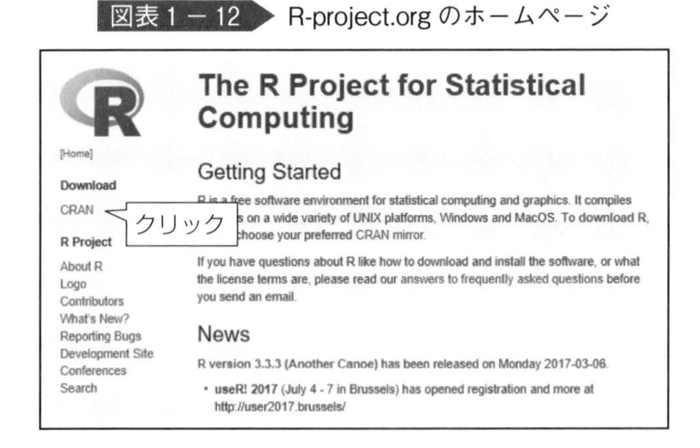

図表1－13　Rのミラーサイト一覧

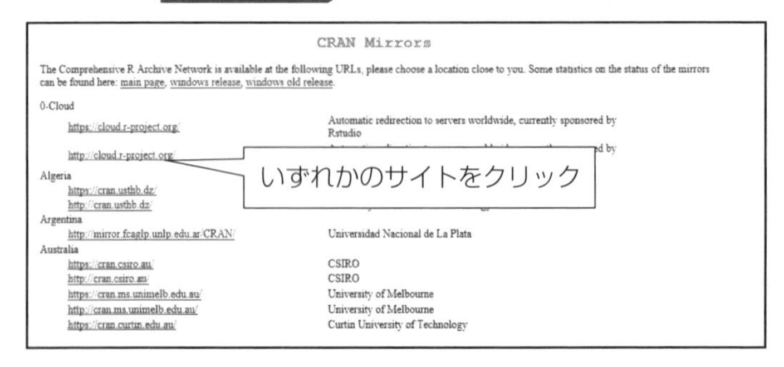

示される。ミラーは鏡の意味の通り，同じ内容のファイルを管理する世界中のRのサーバー一覧である。後にパッケージをインストールするときも同様の手順がある。一覧の最初に示される0-Cloudのサイトを選べば，サイトが自動的にサーバーを選ぶ仕掛けになっている。

図表1－14　Rのプログラムのダウンロード

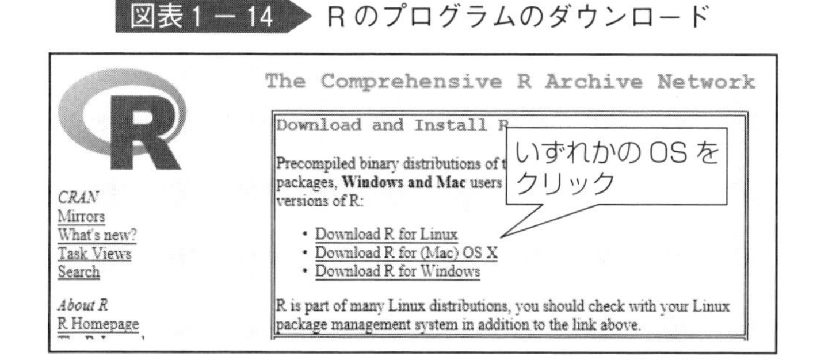

図表1－14の通りダウンロードのページに移ったら，OSの種類を選択してインストールのプログラム・ファイルのダウンロードページに移動する。Windows OSの場合は図表1－15の通りbaseをクリックし，ダウンロードされるファイルを管理者権限で実行する。

図表1－15　Windows OSのインストール・プログラムのダウンロード

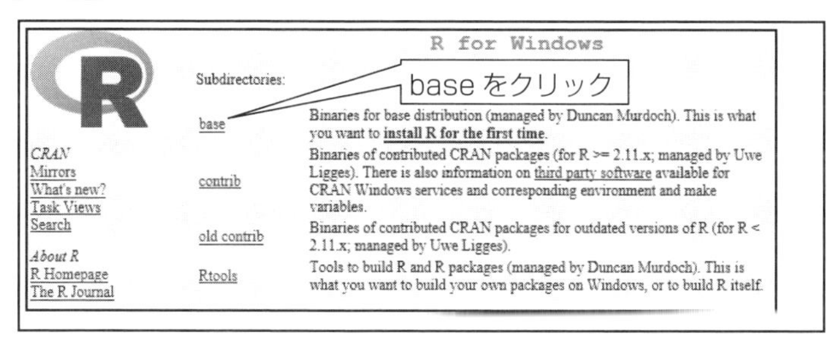

インストールでは，画面の指示通りに「次へ（N）」と「OK」をクリックしていき，起動時オプションのみカスタマイズしてデフォルトのMDI（multiple document interface）をSDI（single document interface）に変更しよう。MDIとSDIでは複数のウィンドウの表示の仕方が異なり，Rコマンダーは

SDIで利用することを推奨している。MDIでもRコマンダーは使えるし，インストール後にMDIとSDIの設定変更ができるためMDIでインストールしても問題ない。

◆ Rを起動する

デフォルト設定でインストールすると，PCのデスクトップにRのショートカットが作られる。図表1－16の通り，ショートカットをクリックしてRを起動する。

図表1－16　Rの起動

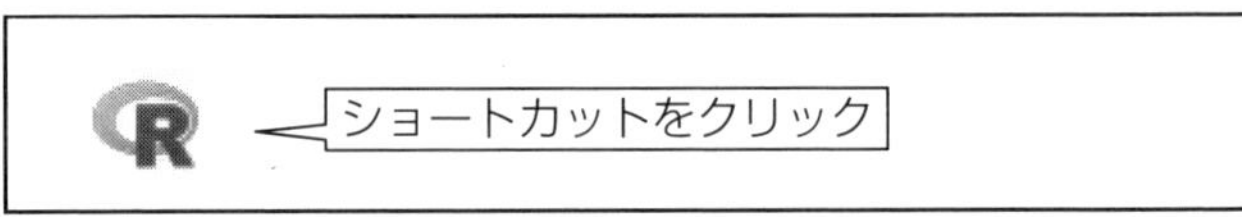

Rを起動し，続いてRコマンダーをインストールする。図表1－17の通り起動した画面のメニューから，［パッケージ］－［パッケージのインストール…］をクリックする。

図表1－17　Rの起動画面でパッケージのインストール

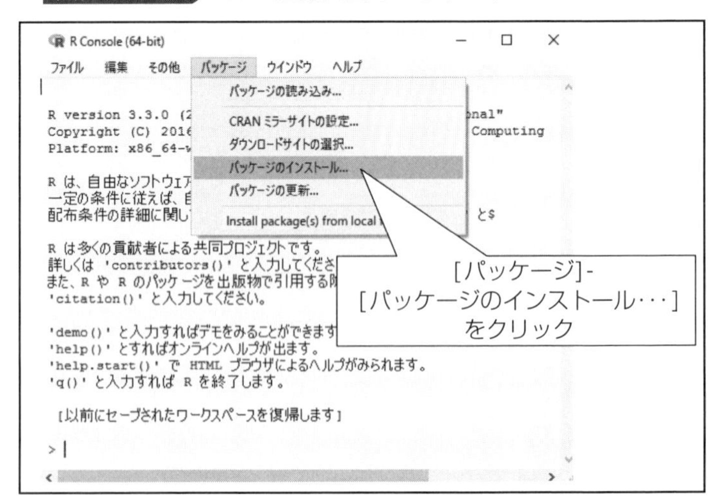

先にRのインストール・プログラムをダウンロードする際にミラーサイトを選択したのと同じく，図表1－18の左の一覧選択画面でミラーサイトを選択してOKをクリックし，続いて表示される図表1－18の右の選択画面でパッケージRコマンダー名のRcmdrを選択してOKをクリックする。Rコマンダーを構成する多数のパッケージが次々にダウンロードされてインストールが始まる。これでRとRコマンダーのインストール作業は終了である。

図表1－18　ミラーサイトとパッケージの選択

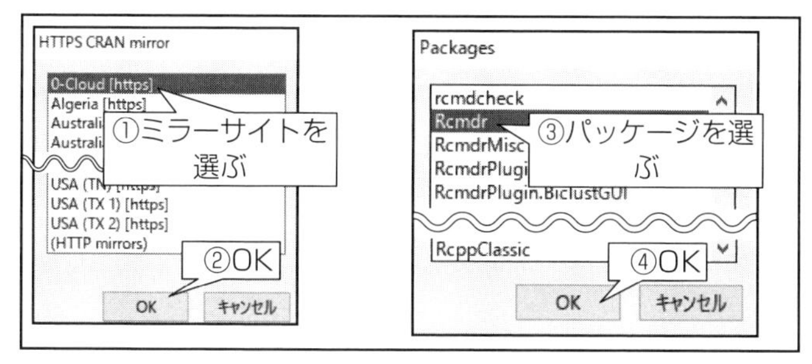

第2章　データを見る・見せる

本章のポイント

グラフの種類と用途

- 円グラフ・帯グラフ：質的変数の構成比を表現することが多い。
- 棒グラフ：カテゴリーごとの数量を表すことが多い。
- 折れ線グラフ：横軸を時間（年・月など），縦軸を表現対象のデータとし，時系列の推移を表すことが多い。
- 散布図：2つのデータ（変数）の関係を表したいときに用いることが多い。2つのデータが右上がりに分布しているとき，「正の相関がある」，右下がりに分布しているとき，「負の相関がある」という。2つのデータに関連性がみられないときは，「無相関である」という。相関を数値化した相関係数については第9章で学習する。

ヒストグラムの形状

- （第1章で学習した）ヒストグラムから読み取れる情報：最頻値をみることができる。その状況によって，単峰性（山が1つ），双峰性（山が2つ），多峰性（山が複数）。山がみられず，均一に分布している場合，「一様分布」と呼ばれる。

- いくつかの山がある場合は，データ中に異なる複数のグループが混在することが疑われる。例えば，小学１年生と６年生を混ぜて，身長の分布を図示すれば，２つの山（双峰性）を示すであろう。さらに，６年生の中で男女が混在していれば３つの山になるかもしれない。

代表値（再掲）

- 平均値（算術平均）：すべての数値を足して個体数で割るという操作を以下の数式で表す。また，変数 x の平均値を慣習的に $\bar{x}$ と表し，「x バー」と読む。式中の $\sum$ は「シグマ」と読み，x の添え字 1，‥‥‥，n について合計する（和を求める）ことを表す。

$$\bar{x} = \frac{1}{n}\sum_{i=1}^{n} x_i = \frac{1}{n}(x_1 + x_2 + \cdots\cdots + x_n)$$

- 中央値と平均値の大小関係：ヒストグラムなどを見て，データが対照的に分布していれば，平均値と中央値はほぼ等しくなる。大きな値の外れ値がある，あるいは右のほうに分布の裾（すそ）が長い（**ロング・テール**）の場合，平均値が中央値を上回る。平均値は外れ値やロング・テールに引きずられるが，中央値は（あくまで大きさの順番で決まるので）影響を受けない。値の小さな外れ値や左にロング・テールがある場合は，平均値は中央値よりも小さくなる。

データの散らばりの指標

- 平均がわかっても，データが平均周りに集中しているのか，広範囲に広がっているのかわからない。分布を表すために以下のような指標を用いる。

- ①**分散**：$\sigma^2 = Var(X) = \frac{1}{n}\sum_{i=1}^{n}(x_i - \bar{x})^2 = \frac{1}{n}\left[(x_1 - \bar{x})^2 + (x_2 - \bar{x})^2 + \cdots\cdots + (x_n - \bar{x})^2\right]$

  ②**標準偏差**：$\sigma = \sqrt{\sigma^2}$（分散の正の平方根）

  ③**変動係数**：x の変動係数(CV) $CV = \frac{\sigma}{\bar{x}}$

- 分散，標準偏差は単位に依存する。

  同じデータでもメートル単位をセンチメートル単位で書き直すと，分散は1万倍，標準偏差は100倍となるが，変動係数は不変である（平均値で割っているので単位に依存しない性質を持つ）。変動係数は単位もない無名数である（中学生のときに習った「溶解度」も無名数）。

• Keywords •

- 円グラフ，帯グラフ，棒グラフ，折れ線グラフ
- $\bar{x}$, Σ（シグマ）
- 一様分布，平均値と中央値の大小関係，ロング・テール
- 分散，標準偏差，変動係数

考えてみよう！

円グラフと棒グラフの使い分けについて考えてみよう。円グラフと棒グラフはデータの特徴を視覚的に伝えやすいため，テレビのニュースや新聞などの記事によく用いられる。

図表２－３は円グラフで描かれている。このデータは折れ線グラフに描くべきデータであり，棒グラフまたは折れ線グラフにしない。円グラフにするデータ，棒グラフにするデータの特徴について考えてみよう。

1　データをグラフに描く

(1)　円グラフ

データ分析では，最初に自分がデータを見るためにグラフを描き，最後に結果を見せるためにグラフを描く。データ分析で最初にすることは，グラフを描いてデータを見ることである。線形回帰分析とか分散分析とか分析手法に頼ってデータを見るのを怠ると，間違った分析結果に陥りやすい。例えば，１個の例外的な値やタイプミスした値があることに気づかないまま分析すれば，その影響をあたかも全体の傾向のように間違って解釈してしまう。データを見ないで分析するのは，食材を見ないで調理するのに似ている。調理手順がどれだけ素晴らしくても，食材を見て料理する基本を怠ってはならない。

分析結果を報告する際に見せるグラフも大切である。大手のリサーチ会社や広告代理店には，彩色やフォントの細部まで美しいグラフを描くデザイナーと呼ばれる専門職がいる。見せるグラフの効果がデザイナーの人件費に見合うとわかるエピソードを紹介する。

図表２－１ ナイチンゲールと円グラフ

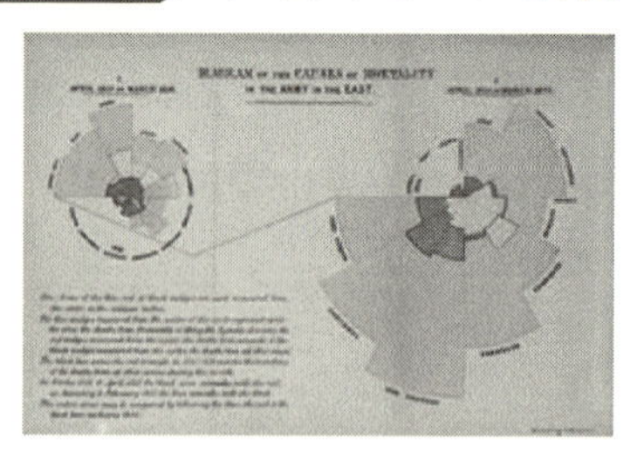

クリミア戦争における死因分析を表したグラフ

（出所）　総務省統計局：統計学習の指導ために（先生向け）＞補助教材＞統計エピソード集～授業の導入部で～＞ナイチンゲールと統計 http://www.stat.go.jp/teacher/ c2epi3.htm（2016年８月閲覧）

私たちがよく目にするグラフは円グラフと棒グラフである。円グラフを発明したナイチンゲール（Florence Nightingale, 1820-1910）の逸話は有名である。日本ではナイチンゲールは白衣の天使，あるいは近代看護教育の生みの親として広く知られるが，円グラフを発明した統計学者として，また根拠に基づく政策（evidence based policy）を実現した実務家としても歴史に名を刻んでいる。ナイチンゲールはクリミア戦争（1853-1856）に参戦したイギリス軍に野戦病院を維持させ，戦場で看護と医療活動を提供することを軍と政治家に認めさせるために統計学を学んだ。軍のファイルを読み解き，クリミア戦争でのイギリス兵の死者の多くが戦傷ではなく劣悪な衛生状態から感染病となり放置された結果であるという結果を得て，独自に考案した図表２－１の円グラフで示した。その説得力は国民の支持を集めて政治を動かし，戦力から外れた負傷兵を気にかけない将軍や戦費を気にする政治家はナイチンゲールを恐れたと伝えられる。

(2)　質的変数のグラフ―円グラフ・棒グラフ・帯グラフ

グラフにはさまざまな種類があり，データの種類によってグラフを選ぶおおよそのルールがある。まず，１変数のデータをグラフ化する場合から考える。質的なデータの構成比を示すときは**円グラフ**（pie chart）か**帯グラフ**（図表２－３，図表２－４参照）を用いる。度数や相対度数を比較するときは**棒グラフ**

(bar chart)（図表2－5参照）を用いる。

NHKの世論調査から18歳選挙権の意識調査結果を用いてグラフを描いた。調査概要は以下の通り（http://www.nhk.or.jp/d-navi/link/18survey/index3.html　2016年8月閲覧）。このように，調査データを示す際はデータ概要として，調査期間・調査対象・標本抽出法・調査方法・標本の大きさなどを記す。グラフを見て解釈する際に，データの概要が重要な情報となる。この事例（図表2－2）では，調査対象の年齢が18歳・19歳であると留意してグラフを見ることが大切であろう。

図表2－2　世論調査の例

調査期間	2015年11月4日～2015年12月10日
調査対象	全国の18歳・19歳の国民
標本抽出法	住民基本台帳から層化無作為2段階抽出により　250地点×12人＝3,000人
調査方法	郵送法
標本の大きさ	1,813人（60.4%）

図表2－3　投票意向

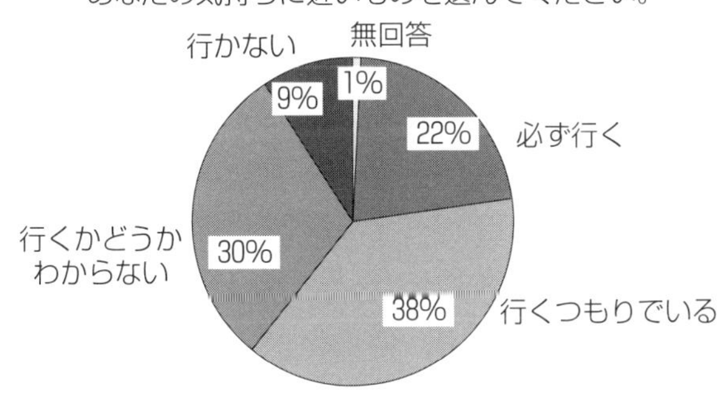

図表２－４　日本の社会イメージ

日本社会のイメージについて次のような考え方があります。
あなたの気持ちに近いものを選んでください。

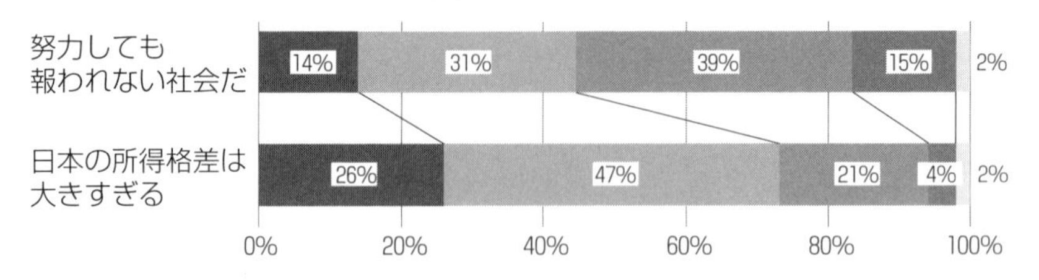

図表２－５　人生の不安要因

あなたが，自分の人生で，不安だと思っていることを選んでください（複数回答）。

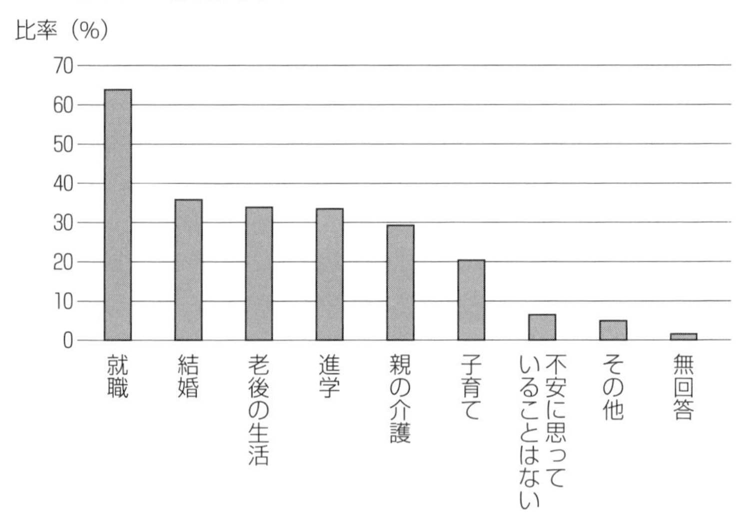

(3)　折れ線グラフ

折れ線グラフは，量的な１変数のデータの変化を見るのに適している。図表２－６は日本の家計調査における２人以上世帯の月ごとの支出額の推移を示した折れ線グラフである。このように横軸を時間軸とした折れ線グラフを特に**時**

系列グラフという。変化を時系列で見ると，毎年決まって支出が多い月のパターンがあることわかる。このように，12カ月や24時間などの周期で繰り返すパターンを周期性または季節性という。

図表2－6　家計支出額の推移

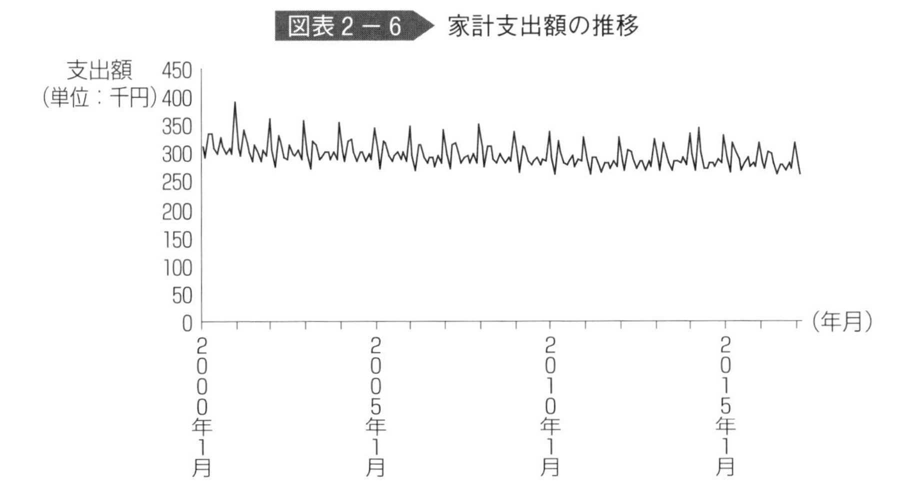

(4)　散布図

量的変数の2つの変数の関係を見るには，**散布図**（scatter diagram）が適している。散布図は，図表2－7の通り縦軸と横軸の座標値を2変数の値として点をプロットした図である。散布図を描くと，1つの変数の増減ともう1つの変数の増減との関係，すなわち**相関**（correlation）関係がわかる。図表2－7の右端の図のように，一般外食費が多いと映画・演劇等入場料が多くなる関係を**正の相関**があるという。左端の図のように，都市ガスの支出が多い家計ほどプロパンガスの支出が少なくなる関係を**負の相関**があるという。中央の図の豆腐とみかんの支出のようにお互いの増減に関係がないとき**無相関**という。

図表２－７　家計消費支出の品目の相関（データ出所は第１章と同じ）

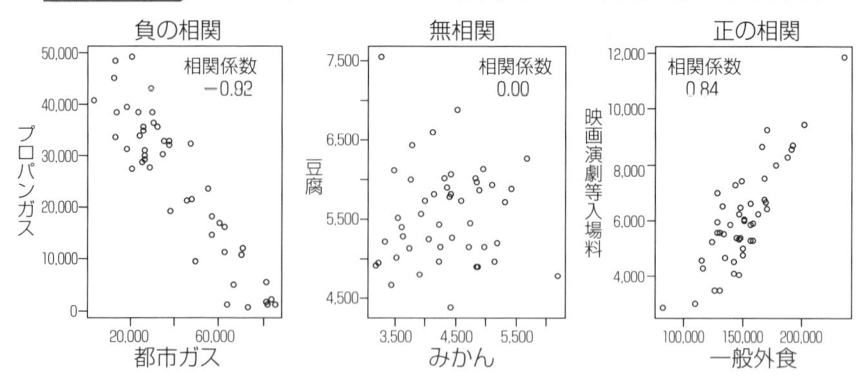

2　分布の特徴

(1)　ヒストグラムの形状

図表１－10と図表１－11の箱ひげ図で見たイチゴとメロンの家計支出額の上下対称性の相違は，図表２－８の２つのヒストグラムの左右の対称性の違いに表れている。一般に，要約統計量をグラフ化した箱ひげ図より，度数分布表をグラフ化したヒストグラムは情報量が多い。一方で，データの特徴を簡単に要約する点では箱ひげ図が勝っている。どのグラフを用いるかは，データを見たり見せたり目的次第である。

図表２－８　イチゴとメロンの家計支出額の度数分布比較

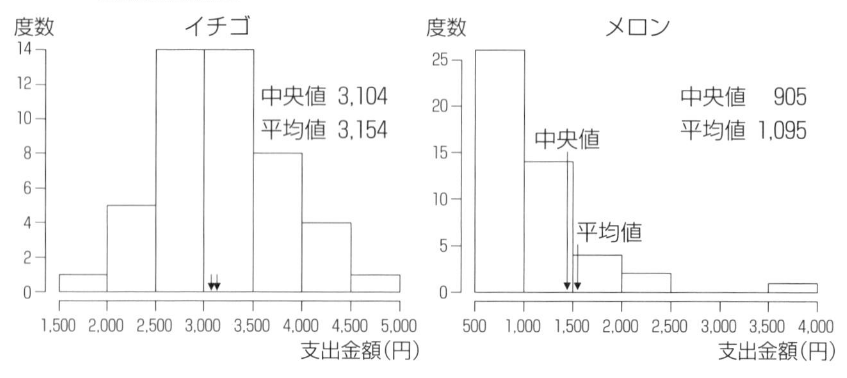

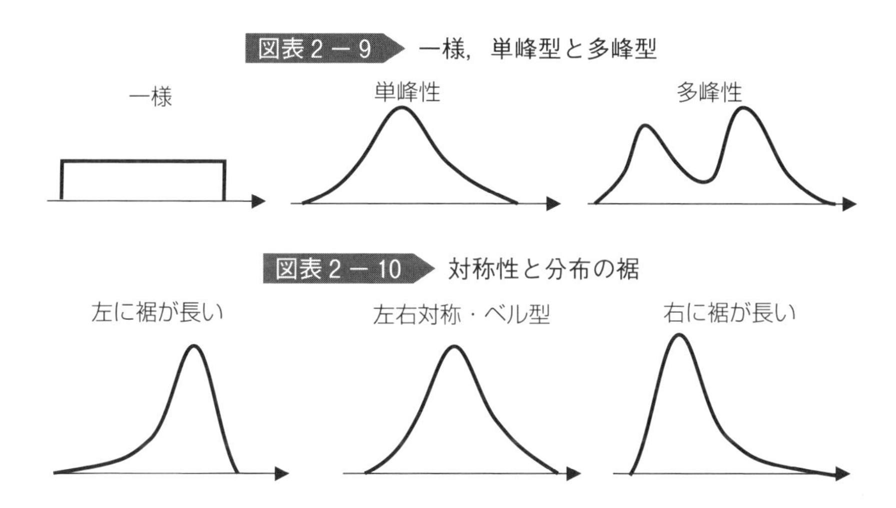

図表2－9　一様，単峰型と多峰型

図表2－10　対称性と分布の裾

ヒストグラムの形状を見る際，まず山の峰（ピーク）の最頻値の位置を探す。図表2－9の通り，峰がなければ**一様**（uniform），1つなら**単峰性**（unimodal），複数なら**双峰性**（bimodal）や**多峰性**（multimodal）という。多峰性の場合は各峰の特徴を推測し，各峰に応じて個体を分類すればもっとデータがきれいに見えるのではと思案する。

次に図表2－10の例の通り左右対称性や端の形状を見る。後に示す正規分布に似た左右対称性と裾の長さを持つ形を**ベル型**（bell−shape）と呼ぶ。裾が厚く長いと，左に（あるいは右に，左右に）**裾**（すそ）**が長い**（long tail，ロングテール）という。分布が左右対称ならは中央値と平均値の値が近くなる。片方に裾が長いと，平均値は長い裾に引っ張られて峰の位置より長い裾に偏った値となる。

⑵　平均値と中央値

平均値（mean, average）は，すべてのデータを足した合計を個数で割った値である。図表2－11の2列目の通り，5人の体重を測定し52, 55, 56, 58, 59（kg）の5個のデータが得られたとする。

図表２－11　平均と分散

No	体重	偏差	(偏差)^2
1	52	52－56＝－4	$(-4)^2=16$
2	55	55－56＝－1	$(-1)^2=1$
3	56	56－56＝0	$(\ 0)^2=0$
4	58	58－56＝2	$(\ 2)^2=4$
5	59	59－56＝3	$(\ 3)^2=9$
合計	280	0	30
平均	56.0		6

平均の計算は次の通り足して個数で割った値である。

$$\text{平均}=\frac{52+55+56+58+59}{5}=\frac{280}{5}=56.0\ (\text{kg})$$

この具体的な式を一般的に次のように記す。

$$\text{平均}\ \bar{x}=\frac{1}{n}(x_1+x_2+\cdots+x_{n-1}+x_n)=\frac{1}{n}\sum_{i=1}^{n}x_i$$

ここでnはデータの大きさを表し，x_iはi番目のデータの体重の値を示す。図表２－11の例ではデータ数$n=5$で，$x_1=52$，$x_2=55$，$x_3=56$，$x_4=58$，$x_5=59$である。$\sum_{i=1}^{n}x_i$の$\sum$はシグマ（ギリシャ文字σの大文字）またはSummation（総和の意味）と読み，$i=1$からnまでx_iの総和を求める，すなわち$x_1+x_2+x_3+x_4+x_5$を計算せよという意味である。統計学では，一般に変数xの記号にバーのアクセントを付けて$\bar{x}$（エックス・バーと読む）で標本の平均値を示す慣習がある。体重を示す記号がwの場合は，標本平均値を$\bar{w}$と書くことが多い。

(3)　分　散

各データの平均からの差を**偏差**（deviation）という。事例として，図表２－11に５人の体重の場合の偏差の計算を示している。一般的にデータ$x_i(i=1,\cdots,n)$の偏差の定義は次の通り。

x_i の偏差 $= x_i - \bar{x}$

データのばらつきの指標の１つである**分散**（variance）は，偏差の２乗の平均として定義する。

$$\text{分散}\ \sigma^2 = \frac{1}{n}\{(x_1 - \bar{x})^2 + (x_2 - \bar{x})^2 + \cdots + (x_{n-1} - \bar{x})^2 + (x_n - \bar{x})^2\}$$

$$= \frac{1}{n}\sum_{i=1}^{n}(x_i - \bar{x})^2$$

分散は元のデータのスケールを２乗しているので，直観的に分散の値を捉えるには２乗する前のスケールが便利である。そこで分散のルートをとって**標準偏差**（standard deviation）という。すなわち，標準偏差とは偏差の２乗の平均のルートである。元のデータ x_i と標準偏差の単位（メートルや円や kg）は同じになる。

$$\text{標準偏差}\ \sigma = \sqrt{\sigma^2}$$

２つの母集団のデータのばらつきを比較したいことがある。例えば，「平均 80 点のテストの標準偏差が 10 点」と「平均 40 点のテストの標準偏差が 10 点」のばらつきを比べて，「平均 40 点で標準偏差が 10 点」のばらつきのほうが大きいと評価したい。そこで，標準偏差を平均で割った値を**変動係数**（coefficient of variation）として求め，平均の水準を考慮したばらつきの指標として用いる。身長や体重の測定の目盛りを cm から mm（ミリ・メートル）にすると，標準偏差は 10 倍となるが変動係数の値は変わらない。

$$x\ \text{の変動係数} = \frac{\text{標準偏差}}{\text{平均}} = \frac{\sigma}{\bar{x}}$$

▶ファイルのデータを読んでヒストグラムを描く

1. Rコマンダーを使ってデータを読み込む。
2. データをヒストグラムに描いてみる。

◆Rコマンダーを起動してデータを読み込む

まず，データ分析で用いる多数のファイルを管理するために，フォルダーの階層構造を作る。ファイルの整理の仕方は人それぞれだが，例えば図表2－12のように大きく目的別にフォルダーを作ると利用しやすい。また，ファイルやフォルダーの名称に作成日付を加えると後になってファイルを探すときに検索しやすい。

図表2－12　フォルダーの階層構造の例

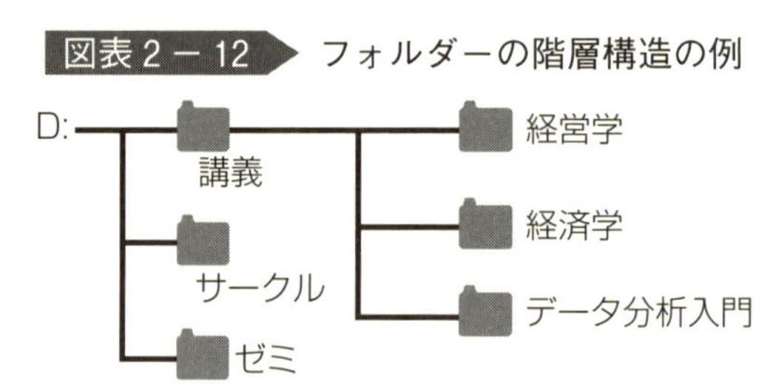

Rを起動し，図表2－13の通り「library（Rcmdr)」とタイプしてEnterキーを叩くと図表2－14の通りRコマンダーのウィンドウが新しく表示される。

図表2－13　Rコマンダーの起動

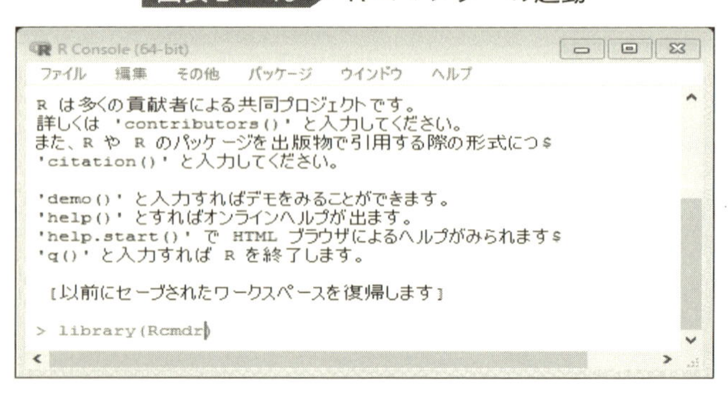

図表2－14　Rコマンダーのウィンドウ

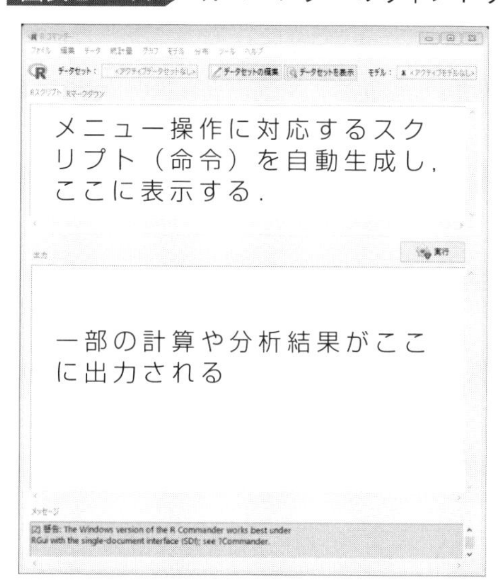

ファイルの読み込みは，Rコマンダーのメニューの［データ］－［データのインポート］からデータのファイル形式を選択して行う。SPSSやSASやエクセルのデータ形式を選ぶことができる。例えば［テキストファイルまたはクリップボード，URLから…］を選択すると，データファイルの場所や列の区切り記号などの入力を促すウィンドウが開くので，読み込むファイル形式に沿って入力してOKボタンを押すとRがファイルを読み込んで分析可能な状態となる。

◆ヒストグラムを描く

Rコマンダーのメニューで［グラフ］－［ヒストグラム］を選択すると，ヒストグラムを描く変数名を選択するウィンドウが開く。変数名を選択してOKボタンを押すとヒストグラムが表示される。複数の変数のヒストグラムを描き，分布の峰や裾の形状の特徴を見比べよう。

Column
ポジショニングマップ

本書はデータ分析の入門の範囲について学ぶ。第8章以降で学ぶ分散分析や線形回帰分析は応用的な手法であるが，今日のデータ分析の手法は相当に幅広く実用的な多くの分析手法がある。このコラムでは，本文で扱っていない分析手法のトピックを紹介する。

「業界地図」は業種や企業を地図の位置関係として表現した図表である。大学生が就職する企業や業界を研究する際に，業界地図をよく見るのではなかろうか。地図ではないものを地図のように表現し，標本の特徴を平面的な位置，すなわちポジションとして地図（マップ）のように描画するさまざまな分析手法がある。平面化の手法を射影という。下図の例の通り，人の体重・胸囲・身長の値を3次元の空間の座標としてプロットし，平面に射影した影絵のように見る分析手法である。特徴の個数が増えれば4次元，5次元，…となってイメージできないが，平面に射影する計算は難しくない。見る方向により影絵の形は異なるので，見て「楽しい」方向から見ることが大切となる。平面化の手法の違いは，ざっくり言って，どの方向から見ると「楽しい」かの基準のバリエーションである。

多数の特徴を持つ対象を平面に移す射影の概念

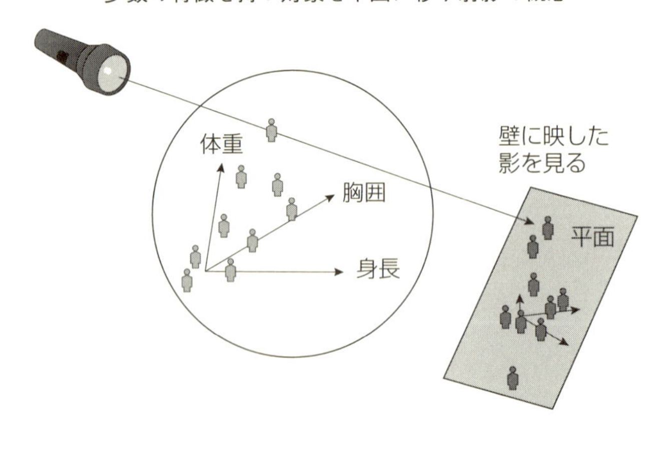

ポジショニングマップを描く調査設計は簡単である。複数の連続変量のある表形式のデータであれば，およそポジショニングマップを描くことができる。大学生が調査設計した事例を紹介しよう。ある授業の担当教員として教育補佐の学部学生と予習をしているときに，海外旅行に行きたいという話をしていて観光地のポジショニングマップを描こうというアイデアが生まれた。人によって行きたい場所が異なるので，ハワイ，パリ，韓国，ニューヨーク，シンガポール，オーストラリア，ベネツィアの各観光地の行きたい程度を５段階で質問すると，行が回答者で列が７個の観光地に相当する１から５の値をとる表形式データが得られる。下図は，このデータを主成分分析のバイプロットという射影手法で描いたポジショニングマップである。

大学生が行きたい海外の観光地のポジショニングマップ

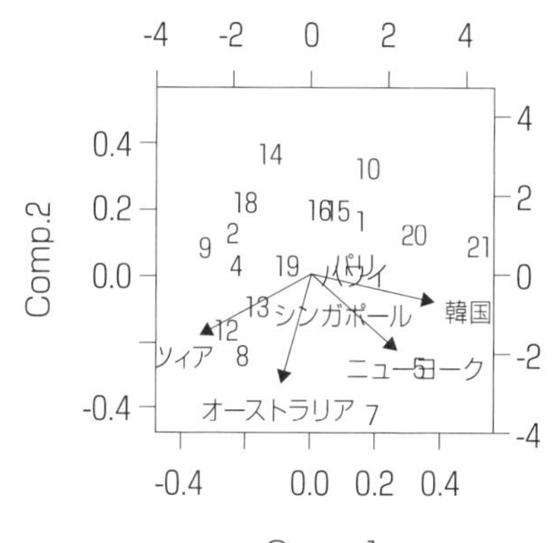

観光地のポジションは矢印の終点として描かれている。韓国が右でベネツィアが左を向いているので，韓国に行きたい人ほどベネツィアに行きたいと思わない負の相関関係にあることが示されている。図中の数字は回答者の通し番号である。矢印の方向に番号がある回答者は，その矢印の観光地に行きたいという回答の特徴を描いている。

事象と確率分布

本章のポイント

母集団と標本（サンプル）

- 母集団：知りたい対象全体（日本人全体，日本の大学生，近視の人等々）
- 母集団が例えば，X社の社員という場合は全数調査（悉皆（しっかい）調査）が可能かもしれないが，母集団より少数の調査対象を選び出す必要のあるケースが多い。
- 標本（サンプル）：母集団から調査対象として選び出した個体の集合
- サンプルを調査・分析することによって，母集団の特徴が明らかになるためには，「サンプルは母集団の縮図」となっていることが必要である。これを「**サンプルの代表性**」という。このため，サンプル抽出（サンプリング）には十分留意すべきである。
- サンプリングは無作為抽出が基本となる。つまり，母集団の各個体が同じ確率で選ばれる可能性を持つサンプリングの方法である。この規則を忠実に適用する方法が，単純無作為抽出法である。
- 性別や年齢層などであらかじめ区切った上で，そのクラスターの中から無作為抽出を実施することも多い。これを，層化無作為抽出法という。
- サンプルを分析して母集団の特徴を推定するためには，確率の概念を理解する必要がある。

集合と確率の諸概念

- $A \cup B$：A または B
- $A \cap B$：A かつ B（$A \cap B = \phi$ のとき，A, B は互いに排反であるという）
- 事象 X の確率を $P(X)$ と表す
- **条件付き確率**は $P(B|A)$ のように表記し，「A が起こった上で（A が起こることを前提として）B が起こる確率」を表す。つまり，$P(B|A) = \dfrac{P(A \cap B)}{P(A)}$ である。
- 以上より，$P(A \cap B) = P(A) \cdot P(B|A) \cdots (*)$
  $P(B \cap A) = P(B) \cdot P(A|B)$ また当然，$P(A \cap B) = P(B \cap A)$
- したがって，$P(B|A) = \dfrac{P(B) \cdot P(A|B)}{P(A)}$ あるいは $P(A|B) = \dfrac{P(A) \cdot P(B|A)}{P(B)}$
  これを**ベイズの定理**という。
- $P(A) = P(A|B)$ あるいは $P(B) = P(B|A)$ のとき，事象 A, B は**独立事象**であるという。事象 A, B が独立のとき，$P(A \cap B) = P(A) \cdot P(B)$ となる（(*)より）

確率分布

- 第２章でデータをグラフ化することを学習したが，実験など実際に起こるデータを記述するのではなく，（理論的な）確率をグラフで表すことを考える。例えば，コインを２回投げたときの表の出る回数は，０回（確率 1/4），１回（確率 1/2），２回（確率 1/4）となる。横軸に表の出る回数（0～２回），縦軸に対応する確率を示す棒グラフを描くことが可能である。
- 生起する（生起し得る）事象と各事象に対応する理論的な確率の関係を**確率分布**と呼ぶ。確率の合計は必ず１となる。「生起し得る事象の確率を足し合わせれば必ず 100％となる」という意味である。

- コインやサイコロを投げる場合などは，生起し得る事象が「離散型」であるという。1つ1つの事象を取り出して合計することが可能なケースである。これに対して，それが不可能な場合(例えば，一定の長さのリボンを無作為に切るときの一方の長さ等)は「連続型」であるという。連続型の場合，確率分布は確率密度関数(pdf)で表現され，確率の合計はやはり1である(確率密度関数の下の面積が1となる)。

• Keywords •

- 母集団，標本（サンプル），サンプル抽出（サンプリング），無作為抽出法
- 確率，ベイズの定理，独立事象
- 確率分布，離散型，連続型，確率密度関数（pdf）

考えてみよう！

明日の最高気温を確率的に表現する方法について考えてみよう。正確に摂氏20.0度になる確率は限りなくゼロなので，気温ごとの確率を書き下すのは難しい。そこで「摂氏20度プラスマイナス１度」と幅を持たせると，その確率はゼロではない意味のある値になる。それでは摂氏20度だけでなく，すべての気温の可能性を確率的に表現する良い方法があるだろうか。確率の表現の仕方について考えてみよう。

1　ある出来事が起きる確率

(1)　事象と確率

「晴れの天気」「1億円当たる」といった出来事を**事象**（event）という。不確かな事象を考えるとき，「雨の天気」や「雪の天気」といった起こりうる事象を集合として考えると便利である。集合を視覚化する方法として，ベン（John Venn: 1834－1923）が考案した**ベン図**（Venn diagram）を用いる（図表３－１）。データ分析では，集合の要素として実験結果や調査結果を考える。サイコロを１回投げると１から６の目のいずれかが出る。このように，起こりうるすべての最小単位の事象を根源事象（elementary event）という。根源事象の全体を**標本空間**（sample space，全事象）といい記号Ω（ギリシャ文字で「オメガ」と読む）で表す。要素のない集合を作っておくと便利なので空の事象を**空事象**（empty event，「くうじしょう」と読む）といい記号ϕで表す。サイコロの１から６の目が出る事象や，３以上で偶数の目が出る事象など事象の組み合わせも事象となる。

和事象：$A \cup B$（union events，「または」と読む）

積事象：$A \cap B$（intersection events，「かつ」と読む）

余事象：A^c（complementary events）：A に含まれない事象

排斥事象（disjpoint events）：A ∩ B＝ ϕ のとき，A と B は排斥事象という。

図表３－１　集合の包含関係とベン図

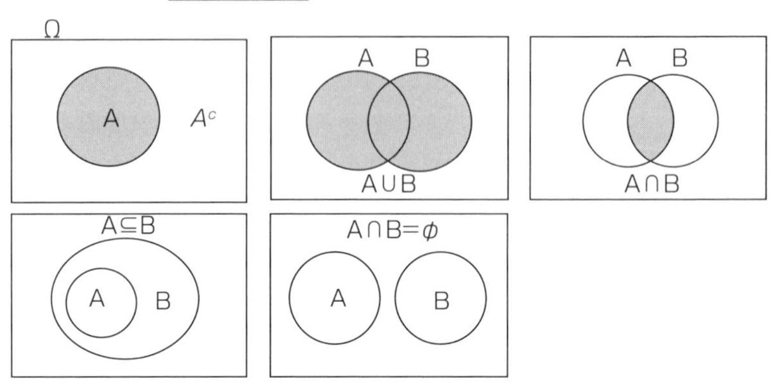

⑵　独立な事象と条件付き確率

次の等式を加法定理という。

$$P(A \cup B) = P(A) - P(A \cap B) + P(B)$$

ただし，記号 $P($　$)$ は（　）内の事象が起きる確率を表す。

図表３－２の通り，集合の領域と確率の足し算と引き算が対応している。

図表３－２　加法定理

A　B　＝　A　－　A∩B　＋　B

P(A∪B)　　　P(A)－P(A∩B)＋P(B)

「虹が出る」を事象 A,「天気が晴れ」を事象 B として,「天気が晴れのときに虹が出る」確率を考える。「天気が晴れ」という条件下で「虹が出る」確率を一般に**条件付き確率**（conditional probability）といい，次式の通り定義する。

$$P(A|B) = \frac{P(A \cap B)}{P(B)}$$

図表３－３から条件付き確率 $P(A|B)$ は，B の領域における $A \cap B$ の構成比と捉えることができる。

図表３－３　条件付き確率

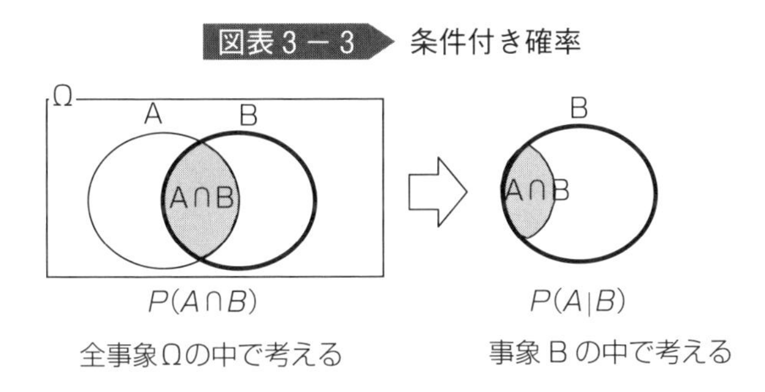

例として，９個のボールから１つのボールを取り出すことを考える。図表３－４の通り，ABの記号のボールが２個，Ａの記号のボールが１個，Ｂの記号のボールが２個，無印のボールが４個あったとする。１個のボールを無作為に取り出し，ボールに記された記号で事象ＡとＢに該当するか否かを決める。

図表３－４　条件付き確率の例

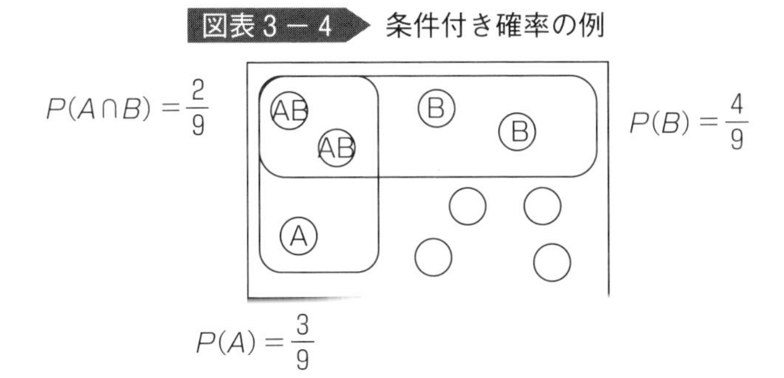

それぞれのボールを取り出す確率が等しいとき，$P(A)$，$P(B)$，$P(A \cap B)$ は図表３－４の通り求まる。先に示した計算式を用いて次の通り条件付き確率を計算できる。

$$P(A|B) = \frac{P(A \cap B)}{P(B)} = \frac{2/9}{4/9} = \frac{1}{2}$$

上式の計算で，$P(A|B)$はBを全事象とみなしたときに事象Aが起きる確率と等しい。条件付き確率の定義式を変形すると，

$$P(A \cap B) = P(B)P(A|B)$$

が常に成立する。左辺は事象AとBが同時に起きる確率で，右辺は事象Bが起きてから事象Bが起きる条件付き事象Aの確率の積と読める。事象AとBを入れ替えると上式は$P(B \cap A) = P(A)P(B|A)$となる。集合として$A \cap B = B \cap A$なので$P(A \cap B) = P(B \cap A)$となり，$P(B)P(A|B) = P(A)P(B|A)$の等式が得られる。この等式の両辺を$P(B)$で割り，

$$P(A|B) = \frac{P(A)P(B|A)}{P(B)}$$

の形式で記した式を**ベイズの定理**（Bayes's theorem）という。ベイズの定理の式は，事象Aが起きる確率$P(A)$が，事象Bが起きた後に条件付き確率$P(A|B)$に変わる関係を示している。昨今は，ベイズの定理を踏まえて会話システムやロボットの分野で，情報を逐次取り込み推論を更新していく統計手法の応用が目覚ましい発展を遂げている。確率をこのように更新していく統計手法の体系をベイズ統計（Bayesian statistics）という。

さて，事象Aと事象Bが**独立**（independent）であるとは，$P(A) = P(A|B)$となることと定義する。このとき，

$$P(A \cap B) = P(A)P(B)$$

が導かれる。2回サイコロを投げて1の目が2回出る確率を$\frac{1}{6} \times \frac{1}{6}$と掛け算して求める確率の計算では，1回目の結果が2回目に影響しない，すなわち独立

であることを利用している。

図表３－４の事例では，$P(A)=P(A|B)$となららないため事象ＡとＢは独立でない。先に事例として挙げた「虹が出る」と「天気が晴れ」の事象も，独立ではないだろう。

2　確率を分布として記述する

⑴　確率変数

第２章でデータの出現の様子を度数分布表にしてヒストグラムにすることを学んだ。今度は反対に，データの出現の様子を分布で定める。例えば，サイコロを６回投げたときの目の出方はいつも同じではないので，サイコロを投げるたびに異なるヒストグラムを描くことになる。そこで，実験結果を用いてサイコロの目の出方を記述したり，サイコロの形状を細かに記述したりするより，1から6の目が等しく1/6の確率で出るモノがサイコロであると記述することにする。このように分布を仮定して事象を記述する方法をモデル化という。

投げる前のサイコロのように値が定まっておらず，確率的に値が変わる変数を**確率変数**（random variable）という。サイコロのように，いくつかの定まった値しか出ない確率変数を**離散型**（discrete type）という。長さや重さのように連続した値をとる確率変数を**連続型**（continuous type）という。

⑵　確率分布

確率変数の値の出る様子を**確率分布**（probability distribution）で記述する。例えば図表３－５は，サイコロの目の出る値を記述した離散型の確率分布である。横軸のラベルは確率変数の取りうる値，縦軸の値（1/6＝0.166･･･）はそれぞれの値の出る確率を示している。

サイコロを図表３－５の確率分布で記述する際，「サイコロの目が図表３－５の**確率分布にしたがう**（follow the distribution）」と表現する。ある確率変数Ｘが「ある確率分布」にしたがうことを，記号Ｘ～「ある確率分布」，と書く（～を「にょろ」と読む人が多い）。一般的に，離散型の確率変数Ｘのとり

図表３－５　サイコロの確率分布

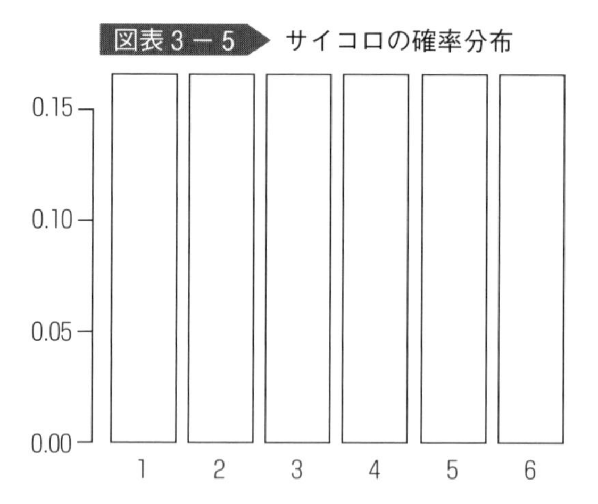

得る値を $x_1, x_2, \cdots, x_m$ として，x_i（ただし $i=1, 2, \cdots, m$）の値が出現する確率を確率（probability）の頭文字を使って $P(X=x_i)$ と書く。

$$f(x)=P(X=x_i),\ \ i=1, 2, \cdots, m$$

となる関数 $f(x)$ を**確率関数**（probability function）という。すべての可能性の確率の和は100％なので，

$$\sum_{i=1}^{m} f(x_i)=1$$

となる。

離散型の確率分布では，値の出る確率を縦軸の目盛りとして確率分布を描く。連続型の確率変数の場合，例えば，10cmのリボンを無作為にハサミで２つに切って片方のリボンの長さを確率変数とする確率分布を考えた場合，リボンの長さが1cmちょうどになる確率は限りなくゼロとなる。このため，離散型の確率分布のように，確率変数がヨコ軸の値をとる確率を考えても仕方がない。その確率は限りなくゼロである。そこで，リボンの長さがａ（cm）からｂ（cm）の範囲となる確率を考える。

連続型の確率変数Ｘの実現した値，例えばリボンの長さをｘとする。リボ

図表３－６　リボンの長さの確率分布

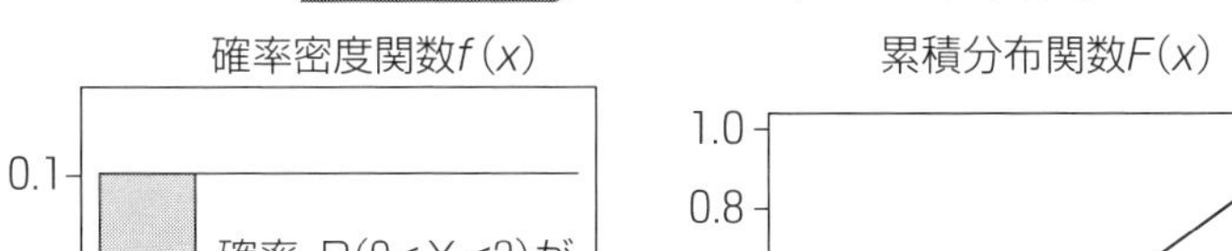
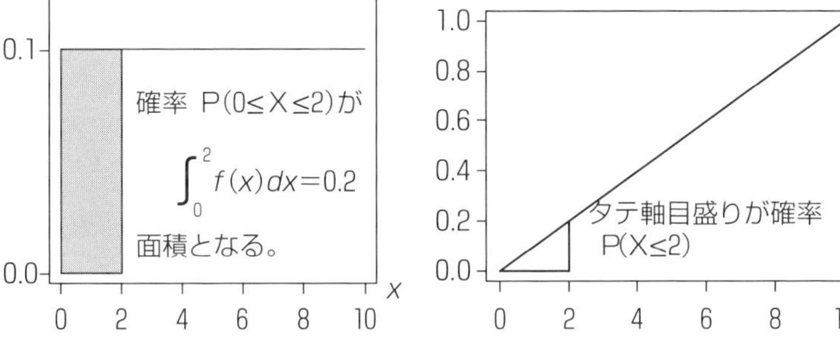

ンの長さ x が区間［a, b］にある確率を P(a ≤ X ≤ b）と書く。この確率変数の**確率密度関数**（probability density function, pdf）を

$$\int_a^b f(x)\,dx = P(\mathrm{a} \le \mathrm{X} \le \mathrm{b})$$

となる関数$f(x)$として定める。左辺の積分の∫（インテグラルと読む）は，関数$f(x)$とx軸の間の区間［a, b］の面積を表す。

図表３－６の例では$f(x)=0.1$である。$\int_0^2 f(x)\,dx$が斜線の面積を表している。この面積がリボンの長さが 2cm 以下のとなる確率 P(0 ≤ X ≤ 2) = 0.2 と等しくなる。縦軸の目盛り 0.1 は全体の面積が 1（= 100%）となる都合から求める。

確率変数の値がx以下となる確率を示す関数を**累積分布関数**（cumulative distribution function）という。連続型の確率変数の場合の累積分布関数は次式の通り定義する。

$$F(x) = \mathrm{P}(\mathrm{X} \le \mathrm{x}) = \int_{-\infty}^{x} f(u)\,du$$

累積分布関数は離散型と連続型の場合ともに，0 から 1 の範囲の連続関数となる。

(3)　期待値と分散

宝くじの賞金が千円と百円と十円で，それぞれ当たる確率が 1/100，1/50，

図表3－7　宝くじの期待値

賞金 x_i	確率 $f(x_i)$	賞金×確率
1,000円	0.01	10
100円	0.02	2
10円	0.10	1
0円	0.87	0
	合計	13

1/10の場合を考える。何度も繰り返して宝くじを買ったときの賞金の平均は図表3－7の通り13円と計算できる。

この13円の値を**期待値**（expectation）として，改めて次の通り定義する。

$$\text{離散型の場合，}\mu = E(X) = \sum_i x_i \cdot f(x_i)$$

$$\text{連続型の場合，}\mu = E(X) = \int_{-\infty}^{+\infty} x \cdot f(x)\,dx$$

期待値は平均値とほぼ同じ概念なので，期待値の記号に平均（mean）の頭文字mのギリシャ文字のμ（ミュー）を用いることが多い。宝くじを100本買った内訳が，千円×1本，百円×2本，十円×10本，ゼロ円×87本であった場合を考える。このとき，平均は（千円×1＋百円×2＋十円×10＋ゼロ円×87)/100＝13円と計算できる。一般に母集団や標本から計算するときに平均という言葉を使い，確率から計算するときに期待値という言葉を使うが，どちらも同じ計算をしている。

確率変数のちらばりについては，母集団や標本の場合と同じく**分散**（variance）という用語を使う。確率（密度）関数を用いた計算式は次の通り，平均からの差である偏差の2乗の平均を，確率の加重和として計算する。

$$\text{離散型の場合，}\sigma^2 = V(X) = \sum_i (x_i - \mu)^2 \cdot f(x_i)$$

$$\text{連続型の場合，}\sigma^2 = V(X) = \int_{-\infty}^{+\infty} (x - \mu)^2 \cdot f(x)\ dx$$

分散の正の平方根を標準偏差という。

分散と期待値について，次の数式が成り立つ。

$$V(X)=E(X^2)-\mu^2$$
$$E(aX+b)=aE(X)+b \text{ ただし } a, b \text{ は定数}$$
$$V(aX+b)=a^2V(X)$$

第１の式の等式を離散型の場合について導く。

$$\begin{aligned} V(X) &= \sum_i (x_i-\mu)^2 \cdot f(x_i) \\ &= \sum_i (x_i^2-2\mu x_i+\mu^2) \cdot f(x_i) \\ &= \sum_i x_i^2 \cdot f(x_i) - 2\mu \sum_i x_i \cdot f(x_i) + \mu^2 \sum_i f(x_i) \\ &= E(X^2)-2\mu \cdot \mu + \mu^2 \cdot 1 = E(X^2)-\mu^2 \end{aligned}$$

連続型の場合も $\sum$ を $\int$ に置き換えるだけで計算過程は同じである。

$E(\mathrm{aX+b})=aE(X)+b$ の等式は，確率変数 X の値を a 倍数して b 加えて新しく作った確率変数の期待値は，元の確率変数の期待値を a 倍数して b 加えた値に等しいことを示している。例えば，テストの得点を1.5倍して10点加えた新しい得点の期待値は，変更する前の得点の期待値×1.5＋10（点）になる。このときの分散は，$V(aX+b)=a^2V(X)$ の等式から元の得点の分散の $a^2=1.5^2=2.25$ 倍となり，$b=10$ 点加えたことは分散に影響しないことを示している。確率分布で考えると $+b$ は軸の目盛りの平行移動なのでちらばりの指標に影響しないと解釈できる。また，標準偏差のスケールで見ると，新しく作った確率変数の標準偏差は元の得点の標準偏差の $a=1.5$ 倍になる。

3　離散型分布と連続型分布

⑴　ベルヌーイ分布

コインを投げて表か裏が出るかといった，２種類の結果（成功と失敗，または１か０）が決まり，試行結果が前回の結果に影響しない試行を**ベルヌーイ試行**（Bernoulli trial）という。

図表3－8　ベルヌーイ分布の確率分布

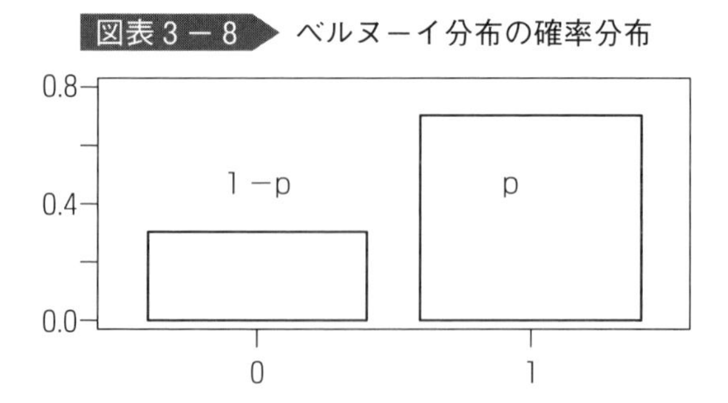

1回のベルヌーイ試行が従う分布を**ベルヌーイ分布**（Bernoulli distribution）といい，図表3－8の通り成功する（あるいは値1となる，コインの表が出る）確率pにより定める。このpのように分布の形を決める値を一般に**パラメータ**（parameter，**母数**）という。確率変数X，確率関数$f(x)$を用いてベルヌーイ試行を表すと，

$$\begin{cases} f(1)=P(X=1)=p \\ f(0)=P(X=0)=1-p \end{cases}$$

その期待値は$E(X)=p$，分散は$V(X)=p(1-p)$となる。

(2)　二項分布

成功確率pのベルヌーイ試行をn回繰り返したとき，成功回数を確率変数Xとする確率分布を**二項分布**（binomial distribution）という。二項分布のパラメータはnとpの2個ある。記号$B(n, p)$で二項分布を表す（図表3－9）。二項分布の確率関数は，n個の異なるカードからx枚を取り出す組み合わせ（combination）の個数の記号${}_nC_x$を用いて$P(X=x)={}_nC_x\, p^x(1-p)^{n-x}$と計算できる。

図表３－９　二項分布 B（10, 0.4）の確率分布

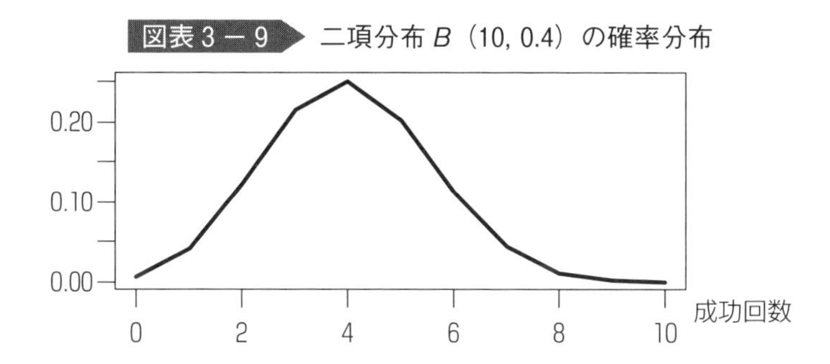

期待値と分散はベルヌーイ分布の n 倍となり，期待値は $E(X)=np$，分散は $V(X)=np(1-p)$ となる。

(3)　一様分布

サイコロやリボンの長さの例のように，確率（密度）関数が一定値の分布を（離散あるいは連続）**一様分布**（uniform distribution）という。図表３－10 の通り区間［a, b］の値の連続一様分布の場合，確率密度関数は

$$f(x)=\begin{cases}\dfrac{1}{b-a}\ (a\leq x\leq b\text{ のとき})\\ 0\ (x<a\text{ または }b<x\text{ のとき})\end{cases}$$

期待値は $E(X)=\dfrac{a+b}{2}$，分散は $V(X)=\dfrac{(b-a)^2}{12}$ となる。

図表３－10　区間［a, b］の値の連続一様分布

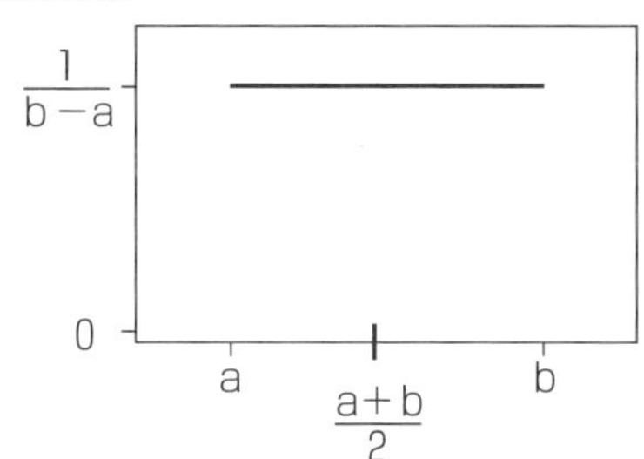

期待値については，分布が左右対称なので区間［a, b］の中央値が期待値になると直観的に納得できるであろう。分散は定義通りに積分して求めると前述の算式となる。

(4)　正規分布

正規分布（normal distribution）またはガウス分布（Gaussian distribution）は連続変量の分析で最もよく使う分布である。正規分布の確率密度関数は平均μと分散σ^2の2つのパラメータを用いて

$$f(x) = \frac{1}{\sqrt{2\pi\sigma^2}} exp\left\{-\frac{(x-\mu)^2}{2\sigma^2}\right\}$$

数式内のexp{･･}の箇所は自然対数の底（≒ 2.718）のべき乗（exponentiation, 指数）を表し，例えば$\exp(2) \fallingdotseq 2.718^2 = 7.388$と計算する。正規分布のパラメータは平均$\mu$と分散$\sigma^2$の2個あり，記号N（$\mu$, σ^2）で正規分布を表す。平均0, 分散1の正規分布N（0, 1）を特に**標準正規分布**（standard normal distribution）という（図表3－11参照）。

図表3－11　正規分布

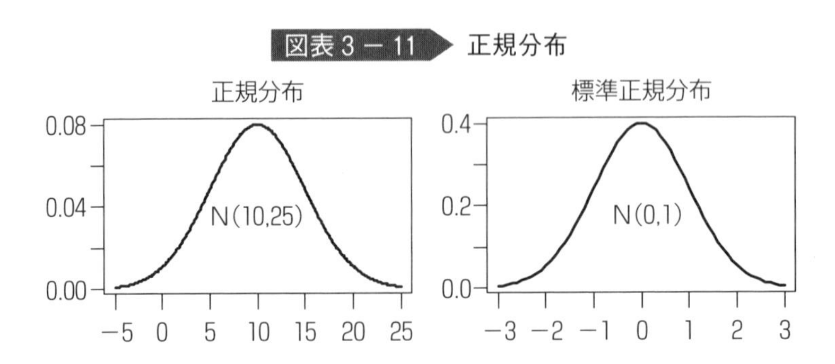

▶分布にしたがう変数のヒストグラムを描く

1. ベルヌーイ試行のヒストグラムを描く。
2. ２項分布のヒストグラムを描く。
3. 正規分布のヒストグラムを描く。

◆ベルヌーイ試行のデータを乱数で生成しヒストグラムを描く

前章の Exercise と同じく手順で R コマンダーのウィンドウを開き，メニューの［分布］－［離散分布］－［2 項分布］－［2 項分布からのサンプル ..］を選択すると図表３－12の通り２項分布の乱数生成ウィンドウが新しく開く。試行回数が１回の２項分布がベルヌーイ試行なので，試行回数入力欄に１とタイプする。以下，成功確率 p，標本数（データの表形式の行数となる，例えば何人がコインを投げたか），コインの種類に相当する観測変数の個数（データの表形式の列数となる）を入力して OK ボタンをクリックすると，０と１の値だけのベルヌーイ試行のデータを乱数で生成できる。ヒストグラムの描画方法は前章の演習と同じである。

図表３－12　２項分布の乱数生成ウィンドウ

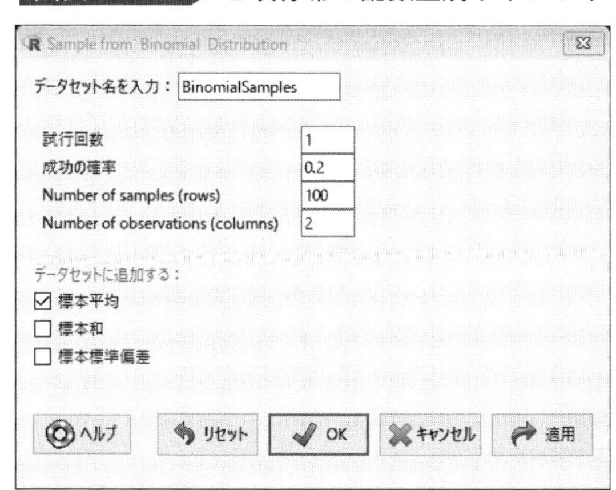

◆2項分布にしたがうデータを乱数で生成しヒストグラムを描く

視聴率20%のドラマに20回出稿した2種類のCMの接触回数調査データを乱数で生成する。調査対象者をN＝100とする。操作と入力内容は図表3－12の通りで，試行回数を1から20とすると20回のベルヌーイ試行の成功回数のデータが生成される。0から20の値からなる100行×2列のデータは，100人に聞いた2種類のCMの接触回数の模擬データと解釈できる。図表3－13はヒストグラム例で，乱数でデータを生成するごとに違う形状になるだろう。

図表3－13　2項分布のヒストグラム例

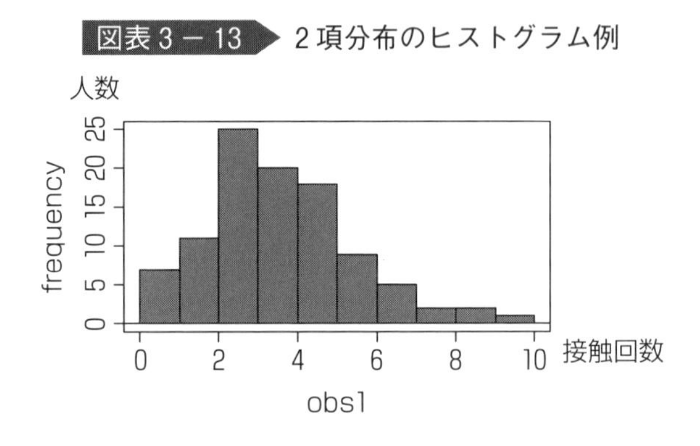

◆正規分布にしたがうデータを乱数で生成しヒストグラムを描く

Rコマンダーのメニューの［分布］－［連続分布］－［正規分布］－［正規分布からのサンプル..］で開かれるウィンドウに平均50，標準偏差10，データの大きさ100，変数の個数3と入力して正規分布の乱数を生成しヒストグラムを描く。2項分布のヒストグラムと見比べて，分布の対称性の特徴を文章にしてみよう。また，乱数生成の入力値を変更し，標準正規分布のデータを生成しヒストグラムの形状，峰や裾や左右対称性について評価してみよう。

標本から母集団を推測する

本章のポイント

確率分布と期待値・平均・分散

- 期待値とは平均と同義である。平均は「すべての値を足して個体数で割る」のに対して，期待値の定義は「(実現値×該当する確率) をすべてのケースに関して足しあげる」という考え方である。また，離散型・連続型に応じて数式による定義は異なるが，考え方は同じである。以下，離散型の場合の定義を示す。連続型の場合は，Σが使えないので，∫（積分記号）を用いる。

$$\mu = E(X) = \sum_{i=1}^{n} x_i \cdot f(x_i)$$

- 同様に確率変数の散らばり度合を表す分散も以下のように定義される。$E(\cdot)$は「(　)内の平均」であるという意味を理解すれば，分散は$(X-\mu)^2$の平均だとわかる。つまり，分布の平均μから取り得る値がどの程度外れているかの平均である（大小あるので2乗して平均している）。

$$\sigma^2 = Var(X) = E\left[(X-E(X))^2\right] = E\left[(X-\mu)^2\right]$$

期待値・分散の性質（よく使うモノ）

- $E(aX+b)=aE(X)+b$, $E(aX+bY)=aE(X)+bE(Y)$
  （ただし，X, Y は確率変数，a, b は定数）
- $Var(aX+b)=a^2Var(X)$
- $\sigma^2=Var(X)=E(X^2)-\mu^2$
  （$Var(X)=E[(X-\mu)^2]=E[(X^2-2\mu X+\mu^2]=E(X^2)-2\mu\cdot E(X)+\mu^2$ より）

正規分布

- 正規分布は連続型の分布で最も広く使われる（したがって重要な）分布
- $f(x)=\dfrac{1}{\sqrt{2\pi\sigma^2}}e^{-\frac{(x-\mu)^2}{2\sigma^2}}$　これが正規分布の確率密度関数（pdf）。

  この式を覚える必要はない。しかし，正規分布の形状は平均 μ, 分散 σ^2 が決まると確定することを理解してほしい。よって，例えば確率変数 X が正規分布に従うとき，$X \sim N(\mu, \sigma^2)$ と書く。pdf 中には，$\sqrt{2}$, π(円周率), e（自然対数の底）という無理数（分数で表せない数）の代表選手が含まれる。
- 平均 0，分散 1 の正規分布，すなわち $N(0, 1)$ のことを標準正規分布という。

標準化

- ある確率分布から平均 μ を引いて，標準偏差 σ で割ることを「標準化する」という。
- 正規分布 $X \sim N(\mu, \sigma^2)$ のとき，X を標準化すると，つまり $(X-\mu)/\sigma$ を考えると，標準正規分布となる。すなわち，$(X-\mu)/\sigma \sim N(0, 1)$ である。
- 特定のデータ X_i が平均からどの程度離れているかを測定する方法として，**標準化得点（z スコア）**がある。$(X_i-\mu)/\sigma$ が X_i の標準化得点である。

大数の法則

- 「標本の大きさ（サンプル数）を大きくしていくと，標本の平均は母集団の平均に近づいてくる」という法則を**大数の法則**という。標本を大きくすれば母集団に近づくので，直観的にも納得がいくだろう。

中心極限定理

- どんな種類の確率変数でも（離散型でも連続型でも），足し込むと正規分布に近づく（「たたみ込み」という）。
- もう少し正確には，独立で同一分布に従う $X_1, X_2, \cdots\cdots, X_n$ があるとき，n が大きくなると，$(X_1+X_2+\cdots\cdots+X_n)$ は正規分布に近づく。この性質を**中心極限定理**という。また，X_j の平均，分散がそれぞれ μ, σ^2 のとき，$(X_1+X_2+\cdots\cdots+X_n)/n$ は n が大きくなるに従って，平均 μ，分散 σ^2/n の正規分布に近づく。
- **独立同一分布**に従う（複数の確率変数の）ことを，しばしば**i. i. d.**（independent and identically distributed）であるという。

• Keywords •

- 期待値，期待値による平均・分散の表現
- 正規分布，標準正規分布
- 標準化，標準化得点（z スコア）
- 大数の法則，中心極限定理，独立同一分布（i.i.d.）

考えてみよう！

大学生が1日にスマートフォンを利用する時間を知りたいとする。日本の大学生全員を対象に調査するのは難しいので，同じサークルに所属する知人に利用時間を聴いて平均を求めた。その結果をゼミで報告すると，無作為に標本を選んでいないので調査結果を全く信用できないと指摘された。そこでゼミ参加者の利用時間を調査すると，利用時間の平均値に30分ほどの差があった。この調査は無意味なのだろうか。調査方法や報告の仕方に工夫すべき点はあるだろうか。第4章では母集団と呼ぶ全体の特徴を，標本と呼ぶ一部の対象だけから推定するための調査方法について考える。

1　標本調査の方法

(1)　母集団と標本

企業が提供する商品の満足度について調査するとき，調査対象は商品を購入した顧客の全体と考えられる。すべての顧客から商品の満足度を聴くことができれば嬉しいが，顧客を特定できなかったり，調査費用が高くなり過ぎたりするので，一部の対象だけに調査を行って全体を推定することが多い。

知りたいすべての対象を調査することを，**全数調査**（complete survey）あるいは**悉皆**（しっかい）**調査**という。一方，一部の対象だけを調査することを**標本調査**（sample survey）という。全数調査の例として，5年に一度日本に住んでいる人全員に対して行う国勢調査がある。また，学校教育法で規定される学校に対して毎年行われる学校基本調査も全数調査である。省庁や企業では，政策を決定したり経営判断したりする資料として多数の調査を行うが，その多くが標本調査である。標本調査を行う主な理由は次の通りである。

①破壊検査の場合がある。例えば，品質管理のために包丁を入れたメロンは

出荷できない。全数調査をすれば経営が破たんする。

②調査に費用がかかる。調査費用が調査によって得られる利益を上回るなら，調査をする合理的な理由がない。

③調査に時間がかかる。調査対象を特定して調査を行っている間に経営判断が必要なタイミングを過ぎてしまう。

このように全数調査が困難なとき，標本調査から全体を推定することを**統計的推測**（statistical inference）という。知りたい対象の全体の集合を**母集団**（population）といい，標本調査の対象を**標本**（sample，サンプル）という。標本の選び方によって，標本調査から推測した結果が母集団の特徴と異なることがある。例えば，日本人全員を母集団として，スマートフォンの利用頻度を調査するのにスマートフォンのアプリを使う人々から標本抽出して調査すれば，標本から推定した利用頻度は母集団に比べて高くなるであろう。このように母集団の特徴と異なる傾向を持つ標本を**偏り**（bias）があるという。

⑵　無作為に抽出する

偏りがない標本を抽出する代表的な方法について述べる。

①　**単純無作為抽出法**（simple random sampling）

1万人の中から100人を選ぶとき，どの人が選ばれる確率も等しく100人/1万人であり，すべての100人の組み合わせが選ばれる確率が同じとなる選び方である。選ぶ対象や個数が違う場合を含めて，単純無作為抽出法という。

単純無作為抽出法では，サイコロを振るのと同じ目的で乱数を使う。簡単なケースとして，1万人から1人を選ぶことを考える。まず個体の1万人に1～10,000の通し番号を付ける。次に統計ソフトを使い1～10,000の整数値が同じ確率で発生するような乱数を発生し，出現した整数値と同じ通し番号の人を選ぶ。どの値も同じ確率で発生する乱数を一様乱数（uniform random numbers）という。サイコロは1～6の整数値の一様乱数発生装置である。標本を1人から100人に増やす際は，この作業を繰り返し同じ値が出た場合は抽出をスキップして次の乱数を用いて抽出する。このように一度選んだら二度と選ばない方法を**非復元**（without replace）抽出という。繰り返して選ぶ場合は**復元**（with replace）**抽出**という。

②　**系統抽出法**（systematic sampling）

系統抽出法では，まず個体の1万人に1～10,000の通し番号を付け，最初の標本を無作為に選び，2人目以降は等間隔に選んでいく。このように選ぶと，通し番号の付け方が生年月日順であったり居住地域で並んでいたりする傾向がある場合でも，通し番号の近い人がまとまって選ばれない利点がある。単純無作為抽出法の簡易版といえる。

③　**層化無作為抽出法**（stratified random sampling）

層化無作為抽出法は，第1のステップで母集団を性別や年代や職業などに層別（グループ化）して各層ごとの抽出数を決定し，第2のステップで各層ごとに単純無作為抽出法で標本を選ぶ方法である。各層ごとの抽出数は，母集団の構成比に合わせることもあれば，同数にすることもある。層別の構造が階層的に2段階以上ある場合は特に層化多段抽出法という。例えば，第1段で都道府県，第2段で年代×性別の標本を決める場合などである。

④　**クラスター（集落）抽出法**（cluster sampling）

クラスター抽出法は層化無作為抽出法とは逆に，第1のステップで母集団を複数のクラスター（層あるいはグループ）に分割して調査対象のクラスターを無作為に選び，第2のステップでは抽出を行わずに選んだクラスターの全員を標本とする。例えば，社会学などで共同体の実地調査をする場合，各集落から無作為に数人を選んでインタビューすることを繰り返すより，同じ集落の全員を対象にインタビューして人間関係を捉える方法が好まれる。口コミのネットワークの研究でも，仮想的なコミュニティ集落で全数調査をするクラスター抽出法を用いることが多い。

2　母集団の代表値を推定する

(1)　平均値を推定する

母集団の代表値の**推定量**（estimator）を求めることについて考える。推定量の記号として，変数の記号にアクセントのハットをつけて表す習慣がある。例えば，母集団の平均μの推定量を$\hat{\mu}$（ミュー・ハット），分散の推定量は$\hat{\sigma}^2$（シグマ・ハット・２乗）と記す。推定量を求める方法は必ずしも１つに決まっていない。良い推定量もあれば，悪い推定量もある。推定量の良し悪しを評価するのに不偏性という基準がある。

標本による推定量$\hat{\theta}$（シータ・ハット）の期待値が，推定したい母集団の値θ（シータ，ギリシャ文字でパラメータの記号に使う）と等しくなるとき，推定量が**不偏性**（unbiasedness）の特徴を持つと定める。すなわち，$E(\hat{\theta})=\theta$を満たす推定量を**不偏推定量**（unbiased estimator）という。不偏性は標本数に関係のない基準である。

標本の最小値が母集団の最小値の不偏推定量ではないことを説明しよう。母集団を１から10までの整数として，５個の標本を復元抽出で取り出す。推定したい母集団の最小値$\theta=1$である。５個の標本に１が含まれていれば$\hat{\theta}=1$で，そうでなければ$\hat{\theta}$は２とか３とかになる。標本の最小値の確率分布は図表４－１の通りとなって$E(\hat{\theta}) \fallingdotseq 2.2 \neq \theta=1$となる。一般に，推定量$\hat{\theta}$は母集団の値$\theta$を正確に当てるものではないが，$\hat{\theta}$が$\theta$の左右に均等に分布していれば$E(\hat{\theta})=\theta$となる。不偏性は右や左に偏っていないという性質である。

標本の平均値の期待値は母集団の平均に一致し，不偏推定量となる。このため，特に断りがない限り，母集団の平均の推定量には標本平均を用いる。

図表４－１　標本の最小値の確率分布

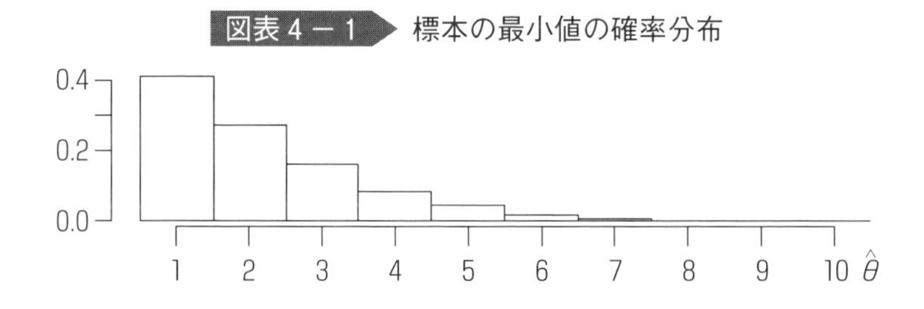

(2)　分散を推定する

平均が μ で分散が σ^2 の母集団から標本 $x_1, x_2, \cdots, x_n$ を取り出して分散の推定を

$$\hat{\sigma}_*{}^2 = \frac{1}{n}\{(x_1-\bar{x})^2+(x_2-\bar{x})^2+\cdots+(x_n-\bar{x})^2\}$$

と計算すると必ず $\hat{\sigma}_*{}^2 \leq \sigma^2$ となり，上記算式は不偏推定量とならない。なぜなら，分散は平均 μ からの偏差の2乗の平均値であるが，母集団の正しい平均 μ の値を知らないので標本平均 $\bar{x}$ を使って偏差を計算すると，$\hat{\sigma}_*{}^2 = \frac{1}{n}\{(x_1-\mu)^2 + (x_2-\mu)^2+\cdots+(x_n-\mu)^2\} - (\bar{x}-\mu)^2$ となり，正しい平均 μ を用いて計算した分散の σ^2 から，標本平均 $\bar{x}$ から正しい平均 μ を引いた差の2乗の $(\bar{x}-\mu)^2$ だけ小さくなる。大雑把に言うと，$(\bar{x}-\mu)^2$ の期待値は，平均値の偏差の2乗の期待値だから $V(\overline{X}) = \frac{1}{n}\sigma^2$ となり，

$$\hat{\sigma}^2 = \sigma^2 - \frac{1}{n}\sigma^2 = \frac{n-1}{n}\sigma^2$$

となる。n を大きくすれば $\frac{n-1}{n} \to 1$ となるが，n が10だと1割引きの σ^2 を推定していることになる。そこであらかじめ割引分を上乗せして不偏推定量とした，

$$\hat{\sigma}^2 = \frac{1}{n-1}\sum_{i=1}^{n}(x_i-\bar{x})^2$$

を不偏分散という。分散の推定量には断りのない限り不偏分散を用いる。

3 確率変数を標準化する

(1) 偏差値で比べる

平均と標準偏差を用いてデータが平均値から離れている程度を標準化した値を**標準化得点**（standard score，標準得点）あるいは**z 得点**（z－score，z スコア）という。

$$x_i \text{の標準化得点} = \frac{\text{データの値} - \text{平均}}{\text{標準偏差}} = \frac{x_i - \bar{x}}{\sigma}$$

標準化得点の平均はゼロ，分散は１となる。標準偏差も１である。標準化得点は本テキストの中で形を変えて何度も登場する重要な概念である。

試験などの得点の**偏差値**は平均 50 点，標準偏差 10 点に標準化した得点である。

$$x_i \text{の偏差値} = \frac{\text{データの値} - \text{平均}}{\text{標準偏差}} \times 10 + 50$$

偏差値の利点は，全体の中での相対的な位置を試験の難易度にかかわらず判断できることにある。平均がゼロで分散が１の標準化得点を 100 点満点の得点らしくするため，偏差値は標準化得点を 10 倍して 50 点足す。

(2) 標準化と標準正規分布

ある確率変数が正規分布にしたがうとき，

$$\text{標準化得点} = \frac{\text{データの値} - \text{平均}}{\text{標準偏差}}$$

は平均が０で分散が１の変数となり標準正規分布にしたがう。連続変数を標準化得点に変換することを，**標準化**（standardization）という。

連続変数の確率密度関数は，定義から分布の面積が確率に対応している。正規分布の形状はわかっているので，例えば図表４－２の左の線を掛けた面積は

図表４－２　標準正規分布 N（0, 1）の面積と確率の対応

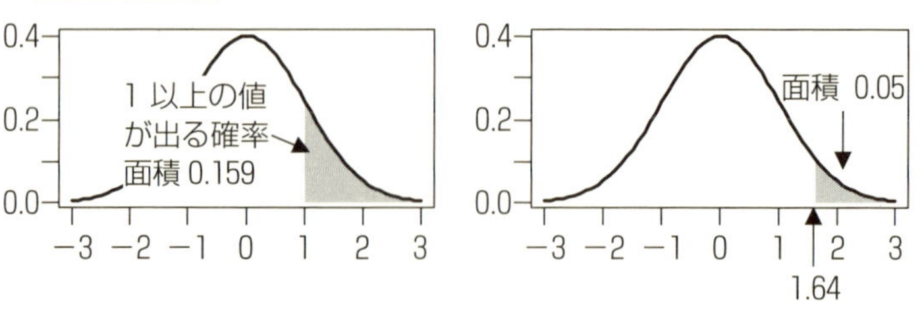

0.159（＝15.9%）で，確率変数の値が１以上となる確率に等しい。右の図では1.64 以上の面積が 0.05（＝5%）である。標準化するときに平均→ 0，標準偏差→１と変換しているので，ある変数が正規分布にしたがうとき，平均から１標準偏差以上大きい値が出る確率は 15.9% で，1.64 ×標準偏差以上大きい値が出る確率は 5%，３標準偏差以上大きい確率はほぼ 0%（正確には 0.14%）とわかる。

正規分布の確率密度関数の横軸の座標（確率変数の値）と面積との対応表を正規分布表（巻末の付表（238～239頁）参照）という。今日では統計ソフトが分布表の機能を持っているので，正規分布表を実務で使うことはない。分布表の実務的な役割は終わったが，統計ソフトの計算を理解する目的で分布表を用いる。

(3)　標本数が多い場合の平均値の性質

社会において私たちが観測している事象は，さまざまな確率的事象の組み合わせである。例えば，人間の身長や体重は毎日の変化を積み重ねて足し算した累積効果である。広告による売上効果は，広告を見る確率や広告を見て購買に至る複数のプロセスの足し算や掛け算の効果と考えることができる。確率的な事象を累積していけば，どのような確率分布になるだろうか。図表４－３は，サイコロ１個の目の値を確率変数とした離散一様分布と，サイコロ２個の目の和の確率分布である。一般に，確率変数 X と Y が独立で同じ離散一様分布にしたがうとき，$X+Y$ は三角分布（triangle distribution）にしたがう。三角分布は図表４－３の右の分布の通り確率分布が二等辺三角形の分布である。確率変数 X と Y が独立（independent）ならば，変数 X と Y の値が同時に j と k

図表4－3　2回投げたサイコロの目の和の確率分布

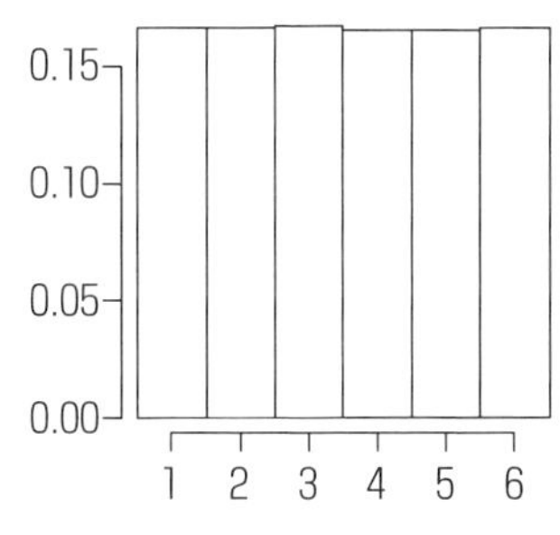

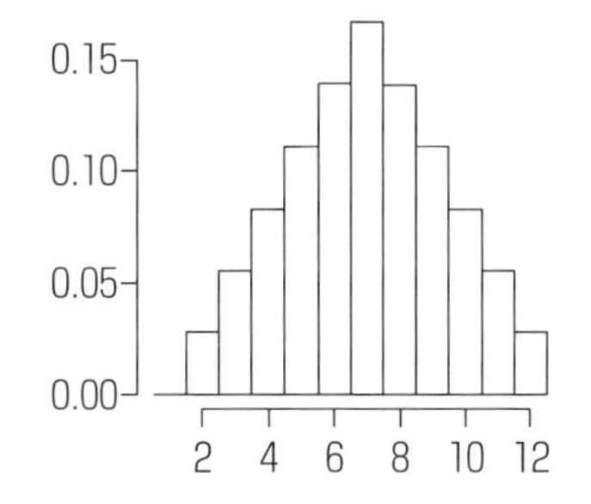

の値となる確率が個別にjとkとなる確率の積に一致すること，すなわちすべてのjとkについて$P(X=j$かつ$Y=k)=P(X=j)\times P(Y=k)$となる。サイコロを2回投げて最初に1の目が出て次に6の目が出る確率を$P(X=1$かつ$Y=6)=P(X=1)\times P(Y=6)=\frac{1}{6}\cdot\frac{1}{6}=\frac{1}{36}$と掛け算して求めて良いのは，2回投げたサイコロの目の出方が独立であるためである。2変数が独立であれば2つの確率変数の関係は無相関となる。それではサイコロ3個の和の分布はどうなるだろう。これから学ぶ内容の帰結として，サイコロの個数を増やすと正規分布に近づくことがわかる。確率的に不確かな社会現象の多くに正規分布が当てはまるのは，1回の変化が正規分布でなくても変化の積み重ねの結果が正規分布になりやすいからと解釈できる。

サイコロをn個振って出た目の和のように，期待値μで分散σ^2の同一の確率分布にしたがう独立な確率変数$X_1, X_2, \cdots, X_n$の和について考える。確率分布は連続でも離散でも一様でも正規分布であってもなくてもかまわない。X_1がサイコロの目の値でX_2がルーレットの値のように同一の確率分布でない場合は除外する。また，1人の100日間の体重の記録とか，100回遠投をした記録とかも独立な事象といえないので除外する。

次式の通り，確率変数$X_1, X_2, \cdots, X_n$の和をS，平均を$\overline{X}$の記号で置き換えると，

$$S=\sum_{i=1}^{n} X_i = X_1+X_2+\cdots+X_n$$

$$\overline{X}=\frac{1}{n}\sum_{i=1}^{n} X_i=\frac{1}{n}(X_1+X_2+\cdots+X_n)$$

S と $\overline{X}$ の期待値と分散は，

$$E(S)=n\mu,\quad V(S)=n\sigma^2$$

$$E(\overline{X})=\mu,\quad V(\overline{X})=\frac{1}{n}\sigma^2$$

となる。2項分布の期待値 np と分散 $np(1-p)$ がベルヌーイ分布の期待値 p と分散 $p(1-p)$ の n 倍となることは，上記の関係から導かれる。確率変数 X を a 倍して b 足すスケール変換したときの分散は，$V(aX+b)=a^2V(X)$ と a^2 倍になることから，$V(\overline{X})=V\left(\frac{1}{n}S\right)=\frac{1}{n^2}V(S)=\frac{1}{n^2}\ n\sigma^2=\frac{1}{n}\sigma^2$ となる。

$E(\overline{X})=\mu$ と $V(\overline{X})=\frac{1}{n}\sigma^2$ の関係式は，以降で学ぶ標本平均の検定で用いる大切な式である。確率変数の和の分布の特徴を用いて，標本から母集団平均などを検定する方法を次章以降で学ぶ。母集団が無作為に抽出した n 個の標本の値の平均を求めることは，母集団がしたがう同一の確率分布から独立に取り出した確率変数の平均として，$\overline{X}=\frac{1}{n}(X_1+X_2+\cdots+X_n)$ を求めることである。$E(\overline{X})=\mu$ の式は，標本の平均 $\overline{X}$ の期待値が母集団の平均 μ に等しいという意味である。$V(\overline{X})=\frac{1}{n}\sigma^2$ の式は，n 個の標本の平均 $\overline{X}$ の分散 $V(\overline{X})$ が母集団の分散 σ^2 の n 分の1となるという意味である。n 個の標本の平均の分散 $V(\overline{X})$ は，標本数を増やすと $\frac{1}{n}$ が小さくなるためゼロに近づくと $V(\overline{X})=\frac{1}{n}\sigma^2$ の等式からわかる。直観的な理解として，標本を母集団にして全数調査をした場合を考える。全数調査の平均 $\overline{X}$ は常に母集団の平均 μ となり確率的に値が変化しない。このため，標本の平均の分散 $V(\overline{X})$ はゼロとなる。標本の大きさの n が大きくなれば，この状態に近づくと解釈できる。

(4)　大数の法則：標本平均が母集団の平均値に近づく

大数(たいすう)**の法則**（law of large number）とは，標本の大きさ n を大きくすると標本平均 $\overline{X}$ が母集団の平均 μ に近づくことを記した定理である。

> **＜大数の法則＞**
>
> 確率変数 $X_1, X_2, \cdots, X_n$ が互いに独立で平均 μ の同一の確率分布にしたがうとき，任意の小さい数 ε（イプシロンと読む）に対して $\overline{X}=\dfrac{1}{n}(X_1+X_2+\cdots+X_n)$ は，$\lim_{n\to\infty} P(|\overline{X}-\mu|<\varepsilon)=1$ となる。

前述の通り，$E(\overline{X})=\mu$，$V(\overline{X})=\dfrac{1}{n}\sigma^2$ であるから，$n\to\infty$（n が無限大に近づく）とすると $\overline{X}$ の分散 $V(\overline{X})$ はゼロに近づき期待値 μ からの揺らぎが少なく収束すると直観的にわかる。数学的に厳密に記述しようとすると，確率収束という概念を用いた上式の表現となる。

(5)　中心極限定理：標本平均の分布が正規分布になる

> **＜中心極限定理**（central limit theorem）**＞**
>
> 確率変数 $X_1, X_2, \cdots, X_n$ が互いに独立で平均 μ，分散 σ^2 の同一の確率分布にしたがうとき，
>
> $$Z=\frac{\overline{X}-\mu}{\dfrac{\sigma}{\sqrt{n}}}$$
>
> は $n\to\infty$ のとき標準正規分布 $N(0,1)$ に近づく。

中心極限定理の Z の式は，$E(\overline{X})=\mu$，$V(\overline{X})=\frac{1}{n}\sigma^2$ を用いた $\overline{X}$ の標準化得点であることに注意しよう。元の事象がサイコロの目やコインの表裏(0 と 1)であっても標本の大きさ n が大きければ標本平均の標準化得点は標準正規分布 $N(0, 1)$ で近似できる。元の分布がベルヌーイ試行であれば $n=50$，サイコロであれば $n=10$ 程度で標準正規分布とみなして良い。

▶確率変数の和の分布の形を考える

1. 一様分布を乱数で生成する。
2. 変数の和を新しい変数として分布を描いてみる。

◆一様分布にしたがうデータを生成する

中心極限定理により，一様分布にしたがう変数を繰り返し足すと正規分布に近づく実験をする。まず，Rコマンダーのメニューの［分布］－［連続分布］－［一様分布］－［一様分布からのサンプル..］を選択し，図表４－４の通り0から10の値を一様にとる100行×10列のデータを生成する。Rコマンダーの［データセットを表示］ボタンを押すと，図表４－５の通り生成したデータが表形式で表示される。列の変数名のobs1，obs2,･･･，obs10を，各行のサンプルの1日目の増分，2日目の増分と考え，10日間の累計の増分を考える。

図表４－４　一様分布の乱数生成ウィンドウ

Sample from Uniform Distribution

データセット名を入力：UniformSamples

最小　0
最大　10
Number of samples (rows)　100
Number of observations (columns)　10

データセットに追加する：
☑ 標本平均
☐ 標本和
☐ 標本標準偏差

ヘルプ　リセット　OK　キャンセル　適用

◆変数の和を計算して新しい変数とする

まず，obs1列のヒストグラムを描いて分布の形状を確認する。次に，Rコマンダーのメニューで［データ］－［アクティブデータセット内の変数の管理］－［新しい変数を計算］を選択し，図表４－６の通り１日の変化を累計する意味で obs1＋obs2＋obs3 と計算する。累計する変数の個数を次第に増やしながらヒストグラムを描き，分布の形状が一様分布から正規分布に近づく様子を確認する。身の周りの事例で，中心極限定理が示すように日々の変化の累積で正規分布に近いデータの事例を探す。また，日々の変化の累積だが正規分布にならない事例を探し，なぜ中心極限定理が適用できないか考察する。

図表４－５　100 行× 10 列の一様分布のデータ例

UniformSamples

	obs1	obs2	obs3	obs4	obs5	obs6	obs7	
sample1	6.945814926	3.09242007	0.09163579	3.4791955	2.91084653	5.25798305	4.1361682	1.68
sample2	9.589134881	9.20055298	7.96424184	4.4884203	7.28145967	9.98177845	5.2843637	5.71
sample3	4.944722052	9.78734723	1.42483301	8.4296572	5.31525495	7.92898954	4.6319926	4.79
sample4	2.896751887	8.54249525	7.25393006	8.9368024	3.97668216	8.05199718	1.3880243	1.23
sample5	0.345701911	2.84670368	2.38155278	9.2172534	8.72895461	6.14829645	4.4904907	7.79
sample6	6.706966194	6.54476389	6.83166810	5.1967578	7.23409842	8.32768940	8.9568135	6.45
sample7	7.345293718	6.18448361	4.89576770	4.0168652	5.94211632	7.65009322	3.2219320	8.52
sample8	3.755042837	6.58602475	1.54086677	9.9585506	0.64342525	6.85125205	5.9703669	8.09
sample9	5.356860331	1.43049035	3.78924235	3.8599238	1.54320437	6.21990562	1.4806458	7.32
sample10	6.939460854	2.28686312	9.52919873	6.6838449	5.62398625	4.93281194	5.3977785	8.46
sample11	1.542348547	6.33666246	4.67816300	2.7600323	8.33335027	0.92319967	7.3017208	4.31
sample12	2.868897077	4.92791897	1.36946816	3.2378081	3.89115018	3.76547439	0.1941845	5.17
sample13	4.964595598	5.09720043	4.92823960	6.5832870	9.84964474	6.75494219	6.9883630	3.78
sample14	1.213655318	1.66882453	7.06864707	3.6686210	7.02644789	0.01198379	5.9577253	8.33
sample15	6.382783037	4.72818121	5.82347273	0.8311542	9.06476294	5.70241138	9.6339522	2.65
sample16	2.328331436	6.27817016	0.13598612	5.3585908	6.50442792	8.52764596	4.5148345	4.56
sample17	9.717444938	1.35783192	3.99988719	6.0723622	5.36062541	0.39107434	5.7551484	2.12
sample18	9.093221305	9.34399422	1.49482715	6.5613111	8.56317546	5.62321308	5.4640518	1.25
sample19	3.539459014	0.42461317	6.61720256	1.3724875	6.74019309	8.98202413	1.9612382	2.50
sample20	0.939953248	8.57460103	8.07806689	8.8861693	3.35767142	0.21096319	0.8605776	1.30
sample21	6.909808624	8.70871266	4.54482364	7.4479927	8.17693779	1.69853358	7.5353547	2.35
sample22	0.003132292	0.28813049	2.00842889	1.2058442	4.41364452	7.27228268	8.5771589	6.34
sample23	5.730740814	3.87445029	8.86455186	5.1700592	3.17953493	7.39233211	1.5765677	4.43
sample24	9.937336028	5.25328778	8.27814980	0.1626207	0.97758527	6.43842846	8.6426715	7.54
sample25	9.950605126	6.52159301	7.43620686	2.4275026	0.94989584	7.54950709	4.2075033	9.09
sample26	2.840274810	7.73655994	6.89837584	9.3294047	9.74016429	5.89767106	7.1720039	1.79
sample27	6.263040679	9.64575311	7.50494595	3.9155396	5.03477819	6.99691619	5.8823402	2.86
sample28	0.402370188	3.42827309	1.27766043	5.7169671	3.38176186	1.28822155	4.2457847	6.90
sample29	0.537914638	9.77270867	2.37820759	4.9561508	1.99895707	3.67400220	1.7377742	4.71
sample30	6.589061872	9.18147621	4.71123802	1.9918160	2.81059074	3.55909608	2.3122930	6.59

図表４－６　新しい変数の計算用ウィンドウ

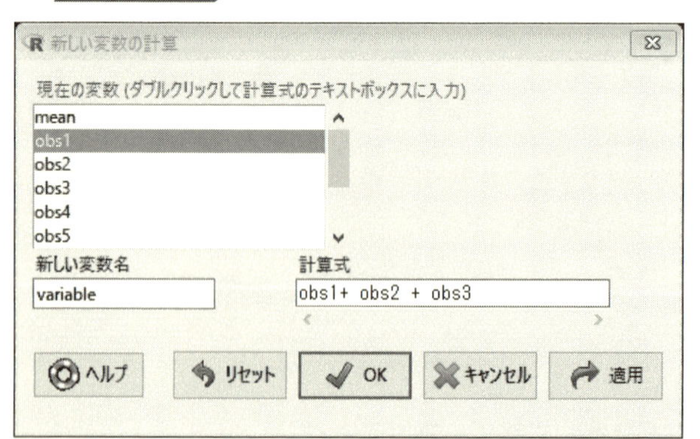

第Ⅱ部

推測統計の基礎

第Ⅱ部では母集団から抽出した標本（サンプル）に基づいて，母集団の性質を推定したり比較したりする方法を学ぶ。例えば母集団の平均値について仮説を持っているとき「その仮説は正しいのか」，あるいは「あるお菓子に対する好き嫌いの分布（例えば5段階）が男女で異なるのか」といった問題について，得られたサンプルに基づいてテスト（検定）する。これを統計的検定と呼ぶ。仮説を持たないとき，得られたサンプルから平均を（ある幅を持って）推定することも行う。これは統計的推定と呼ばれ，統計的検定と合わせて推測統計という。これらの内容は，データ分析の柱の1つである。

仮説を検定する

本章のポイント

帰無仮説と対立仮説

- 統計的検定の特徴の1つは，**帰無仮説**を立てることである。
- 主張(検証)したいことは，例えば「$A \neq B$」「$A > B$」「$A=B=C=0$ではない」とすると，帰無仮説(H_0と書く)はそれぞれの逆を表現する。そして帰無仮説を打ち倒すことを目指す。打ち倒すことを「棄却する」という。
- 主張(検証)したいことは対立仮説(H_1またはH_Aと書く)で表現される。

  例1　$H_0 : A=B$ $(A-B=0)$，$H_1 : A \neq B$

  例2　$H_0 : A=B$ $(A-B=0)$，$H_1 : A>B$

  例3　$H_0 : A=B=C=0$，$H_1 : A=B=C=0$ではない$(A \neq 0$ or $B \neq 0$ or $C \neq 0)$
- なぜこうした迂遠とも思われる手続きをとるのか。それは，帰無仮説(H_0)を仮定することによって，ある手続きで計算する値(統計量)が，よく知られている分布に従うため，確率的に判定することが可能になるからである。
- 例1のように対立仮説が$\neq$で表されるケースは両側検定，例2のように大小関係を想定するケースは片側検定となる。

２種類の過誤と有意水準

- 以下は，「事実の真偽」と「真偽の判断」に関する関係を示している。

事実＼判断	真（正しい）	偽（誤り）
「真である」	○（真を真と判断）	×（偽を真と判断）
「偽である」	×（真を偽と判断）	○（偽を偽と判断）

- 一般論として，「正しいことを正しいと判断する」「間違っていることを間違いと判断する」ことはいずれも正しい判断である。それに対して，「正しいことを間違っている」とか「間違っていることを正しい」と判断することはいずれも過ち（誤り）である。過ちと誤りを重ねて，過誤（かご）という。
- 以上の関係を「帰無仮説の真偽」と「判断（棄却するかしないか）」に当てはめると下表となる。「正しい帰無仮説を棄却しない」「間違った帰無仮説を棄却する」ことはいずれも正しい。

事実＼判断	帰無仮説は正しい	帰無仮説は誤り
棄却しない	○ 正しい H_0 を棄却しない	×（第２種の過誤） 偽りの H_0 を棄却できない
棄却する	×（第１種の過誤） 正しい H_0 を棄却する	○ 偽りの H_0 を棄却する

- これに対して，「正しい帰無仮説を棄却する」過誤を「**第１種の過誤**」と呼び，この確率 α を有意水準という。「間違った帰無仮説を棄却できない」過誤を「**第２種の過誤**」という。この確率を β とすると，α, β はトレードオフの関係にある。
- つまり，正しい帰無仮説を棄却しないように注意すると，間違った帰無仮説を棄却できないことが多くなる。無実の人の冤罪を避けることを重視す

ると，真犯人を取り逃がすことが増えてしまうのと同じである。

- なお，上記βに関し，$(1-\beta)$は「間違った帰無仮説を棄却する（真犯人をちゃんと有罪にする）」確率であり，統計用語で**検出力**という。
- 統計的検定では，αすなわち有意水準によって，判定結果を評価する。つまり，帰無仮説を棄却したとき，その判断が間違いである確率は0.05（5%），あるいは0.01（1%）等とする。
- 帰無仮説は必ず真の値（母数＝母集団のパラメータ）に関して設定する。そして，サンプルのデータを用いて，その仮説を検定する。
- また，仮説が棄却できない場合，「棄却するだけの十分な証拠がなかった」ということであり，帰無仮説の正しさが証明されたわけではない。慣習的に，「帰無仮説を“受容する”」とも表現するが，極めて消極的な意味しか持ってないことに注意する必要がある。

標準正規分布の性質と棄却域

- 中心極限定理より，独立同一分布に従う確率変数の和や平均は正規分布に近づく。また，正規分布に従う確率変数を標準化する（平均を引いて標準偏差で割る）と標準正規分布になる。
- 標準正規分布を利用して両側検定を行うとき，±1.96よりも絶対値が大きい（左右両側）の面積は5%（右側2.5%，左側2.5%）。有意水準5%とする検定ではこの部分が**棄却域**となる。この1.96を有意点（critical value）と呼び，Z_cと書く。

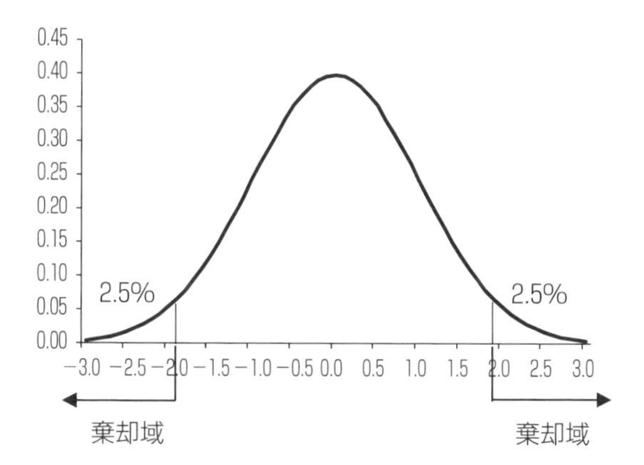

• Keywords •

- 帰無仮説，対立仮説，仮説の棄却
- 両側検定，片側検定
- 有意水準，検出力
- 棄却域，有意点

裁判で「私は無実です。」と主張している被告に対して裁判員として評決するとき，どのような基準で判断すればよいだろうか。被告を間違って有罪にすれば冤罪となり，間違って無罪とすれば犯人を取り逃がすことになる。「無罪だと証明できなかったので有罪」として良いだろうか。このロジックに問題があるかどうか考えてみよう。

1　仮説検定の手順

(1)　帰無仮説を棄却して対立仮説を支持する

裁判の判断の仮説を検定する4つのパターンを図表5－1に整理した。

図表5－1　仮説を判断する4パターン

		真実	
		「被告は無実」	「被告は犯人」
裁判員の判断	「被告は無実」を棄却する	冤　罪	O　K
	「被告は無実」を棄却しない	O　K	取り逃がし

帰無仮説：　H_0「被告は無実」

対立仮説：　H_1「被告は犯人」

仮説検定という統計の技法では，根拠を示して「被告は無実」を否定することで「被告は犯人」を主張する。否定することを**棄却**（reject）という。棄却する予定の命題を**帰無仮説**（null hypothesis：慣習とし H_0 と書く），帰無仮説を棄却したら採択する予定の命題を**対立仮説**（alternative hypothesis：慣習とし H_1 と書く）と呼ぶ。仮説検定の手順は図表5－2の通り。

図表５－２　仮説検定の手順

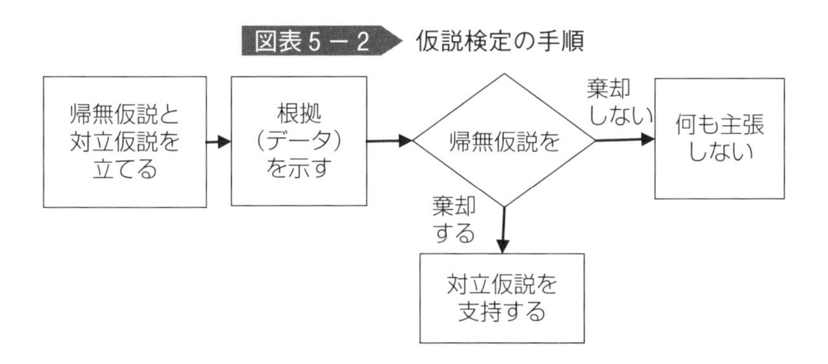

統計学では帰無仮説を棄却する判断に重きを置く。対立仮説を間違って採択して犯人を取り逃がす過誤より，帰無仮説を間違って棄却して冤罪の過誤を避けることに重きを置くシステムになっている。帰無仮説を棄却してはじめて対立仮説が支持される。すごくがんばったのに帰無仮説が棄却できなかったら帰無仮説が正しいと思いたくなるが，全くがんばらずに一切証拠集めをしないでも帰無仮説を棄却できない。よって，帰無仮説が棄却できない場合に帰無仮説が正しいと思ってはいけない。棄却する予定の帰無仮説を棄却できなかった場合に主張できることは何もない。帰無仮説を棄却しないことを「帰無仮説を受容する」と記すテキストがあるが，帰無仮説が正しいかのように読んではいけない。証拠を集める努力を全くしないで「彼は無実である」という帰無仮説を棄却できないとき，彼が無実であると証明されたと考える人はいないだろう。帰無仮説を棄却できないとき，主張できることは何もない。

仮説検定の手続きは，なぜ帰無仮説を棄却して対立仮説を支持するという面倒な手順を踏むのだろう。直接的に主張したい対立仮説の根拠を示すほうが簡単に思える。例えとして，サイコロを６個投げたらすべて１の目が出た場合を考えてみよう。このサイコロはインチキだと主張したい。「１の目が出やすい」と示すのは意外と難しい。「１の目が出やすい」と示すためには，どの程度出やすいか基準を設け，その基準を超えていると示すことになる。１の目が出る確率は20％でも30％でも1/6を確実に超えていれば「１の目が出やすい」と直接的に説明できる。この手順を丁寧に書き下すと，結局「１の目が出る確率

図表5－3　帰無仮説を棄却して対立仮説を支持するイメージ

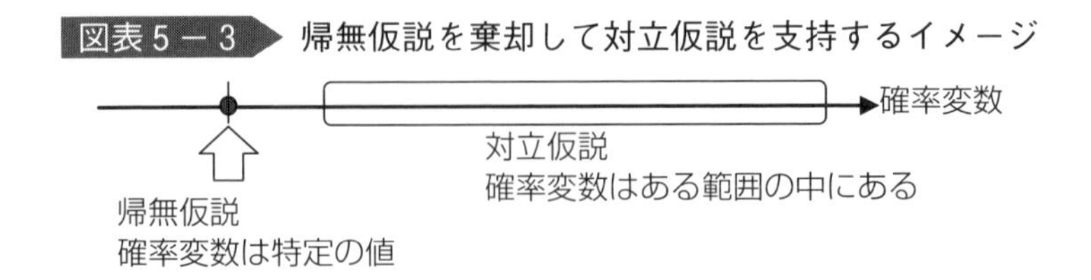

が1/6」ではない，と帰無仮説を棄却する手続きに帰着する。別の見方をすると，1の目が出やすい確率は範囲であるが，確率1/6は点である（図表5－3参照）。後述する仮説検定の事例でも，帰無仮説「確率変数＝特定の値」を棄却して，対立仮説「確率変数≠特定の値」を主張する。幾多とある統計の分析手法のほぼすべてに帰無仮説を棄却する仮説検定の手続きが組み込まれている。例外として共分散構造分析では提案モデルの当てはまりの良さの適合度（goodness of fit）が良いと示す。当てはまりの良さは1点を否定するような切れ味がなく，複数の当てはまりの良さの適合度指標を用いて多角的な評価を行う。このため，評価する人の視点が違えば評価も異なる。結局のところ，対立仮説を直接的に主張するより，帰無仮説を棄却して対立仮説を支持するほうが簡単に済む。

⑵　2つの誤り

仮説検定の仕組みを理解すれば，分析の計算手順の詳細を知らなくてもさまざまな統計分析の結果を読めるようになる。検定結果を読めることはとても重要である。

図表5－1で示した2つの誤りを統計用語で，**第1種の過誤**（type Ⅰ error）と**第2種の過誤**（type Ⅱ error）という。また，対立仮説が正しいときに第2種過誤をしないで正しいと判断する確率を**検出力**（power of test）という。

図表5－4に判断のパターンを改めて示した。区間推定で用いた信頼係数の$1-\alpha$%は帰無仮説が正しいときに間違って棄却しない確率に相当し，間違う第1種過誤の確率が有意水準α%に相当する。対立仮説が正しいときに帰無仮

図表５－４　仮説検定の２種類の過誤

		真　実	
		帰無仮説 H_0 が正しいとき	帰無仮説 H_0 が誤りであるとき
分析者の判断	帰無仮説 H_0 を棄却する	第１種の過誤 ＝　有意水準 α	Ｏ　Ｋ 検出力＝１－β
	帰無仮説 H_0 を棄却しない	Ｏ　Ｋ ＝１－α	第２種の過誤 ＝　β

説を正しく棄却できる確率を検出力という。通常の仮説検定の手続きでは検出力を直接的に評価しない。

2　推定する

(1)　点推定：代表値を推定する

標本から母集団の代表値の**推定量**（estimator）を求めることを**点推定**（point estimation）という。推定量が満たすべき主な性質として，不偏性と一致性がある。不偏性については前章で述べた。

標本数 n を大きくすると推定量が推定したい値に一致する性質を**一致性**（consistency）という。正確に記述すると大数の法則と同じく確率収束の記法を用いて，$\hat{\theta}_n$（シータ・エヌ・ハット）が母集団の代表値 θ の**一致推定量**（consistent estimator）であるとは，任意の小さい数 ε（イプシロン）に対して $\lim_{n\to\infty} P(|\hat{\theta}_n-\theta|<\varepsilon)=1$ を満たす推定量と定義する。

標本平均は，母集団の平均の不偏推定量かつ一致推定量である。不偏分散は，母集団の平均の不偏推定量かつ一致推定量である。したがい，母集団の平均と分散の点推定では，標本平均と不偏分散を用いる。

(2)　区間推定：代表値が95％の確率で入る区間

母集団の平均値の推定量を１つの値 $\hat{\mu}$ で示すかわりに，母集団の平均値 μ がこの区間に入る確率が何％であると示す方法を**区間推定**（interval estimation）

図表5－5　母集団が標準正規分布 $N(0, 1)$ のとき，1個の標本値 x が95%の確率で入る範囲

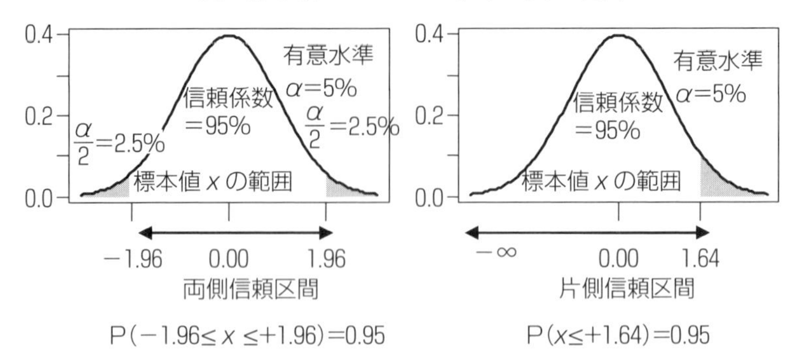

という。例えば，1回投げたサイコロの目が1から3の範囲である確率が50%と示す。区間推定で示す区間を**信頼区間**（confidence interval），区間の間に入る確率を**信頼係数**（confidence coefficient）という。また，区間の間に入らない確率を危険率または**有意水準**（significance level）といい記号 α で表す。

図表5－5に標準正規分布 $N(0, 1)$ から取り出した標本値が95%の確率で入る区間を示した。連続変数の確率分布では面積が確率に対応する。統計の習慣として有意水準5%，信頼区間95%で区間推定することが多く，両側2.5%を有意水準とする区間（$-1.96, +1.96$）と片側5%を有意水準とする区間（$-\infty, +1.64$）をよく使う。それぞれの信頼区間を**両側信頼区間**（two-sided confidence interval）と**片側信頼区間**（one-sided confidence interval）という。有意水準のパーセントに応じて決まる1.96や1.64を**パーセント点**（percent point，もしくは有意点）という。左右のパーセント点を**下側信頼限界**（lower confidence limit/bound），**上側信頼限界**（upper confidence limit/bound）という。

(3)　有意水準と棄却域

平均値の区間推定では，平均値の推定量から平均を引いて不偏分散の正の平方根で割って標準化得点を計算し，標準化得点が正規分布や後述する t 分布に

図表5－6　検定統計量と棄却域

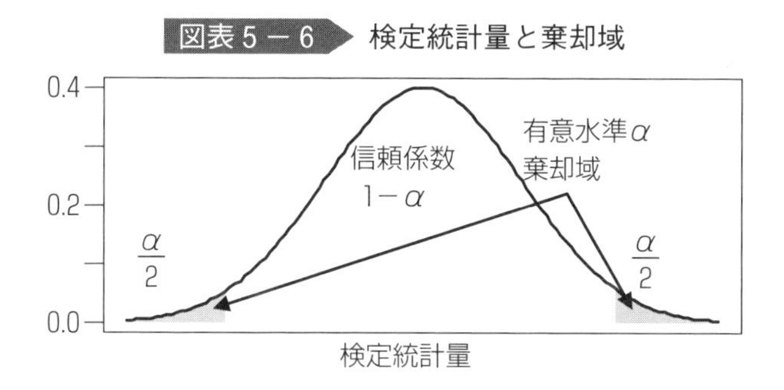

したがうことを利用して信頼区間の範囲を求める。例えば，帰無仮説 H_0「A店とB店の売上は等しい」，対立仮説 H_1「A店とB店の売上は異なる」を検定したければ，売上の平均の差＝ゼロが信頼区間の中に入っているか否かを見ればよい。信頼区間の中にゼロがあれば，A店とB店の売上が異なるかどうかわからない。もし売上の差が信頼区間の外にあれば，帰無仮説を棄却して対立仮説を支持する。もちろん確率的な事象なので，たまたま検定に使ったデータに差があった可能性はある。第1種過誤の確率が α 以下であれば，「有意水準 α で帰無仮説が棄却されたので対立仮説を支持する」という表現をする。あるいは単に「有意水準 α で対立仮説『A店とB店の売上が異なる』が支持された（または有意である）」と表現する。

図表5－6の通り信頼区間に入っていない領域を**棄却域**（rejection region）という。検定に用いる確率分布がわかっている確率変数を**検定統計量**（test statistic）という。本書に登場する検定統計量は，ほぼ標準化得点である。統計学者が検定に使いたい標準化された分布を調べて t 分布やカイ2乗分布や F 分布と命名した。その分布を用いた検定を，分布名や貢献した学者の名称を用いて t 検定やピアソンのカイ2乗検定と呼ぶ。

帰無仮説のもとで得られた統計量が実現する確率を有意確率（p 値，p-value）という。統計的には，有意確立がある基準よりも小さいときに，帰無仮説が棄却されると判断できる。その基準は有意水準ともいい，通常0.05または0.01を用いるケースが多い。図表5－7に手計算していた時代の検定

図表5－7　有意水準と p 値のイメージ

手計算の時代	統計ソフトの時代
簡単な分布表を用いて先に有意水準を決める	有意確率（=p 値）は結果として出力される
Step1　有意水準を定める（5%か1%か0.1%）。 Step2　分布表を見て有意水準5%か1%か0.1%の棄却域を確認。 Step3　分析して計算した検定統計量が棄却域に入っていれば棄却する。	Step1　統計ソフトが帰無仮説を誤って棄却する第1種過誤の確率を p 値として出力。 Step2　p 値を有意水準と見比べて p 値が5%以下なら5%有意水準で棄却できたという。

手順と統計ソフトを用いた検定手順の違いを示した。今日，実務であらかじめ有意水準を定めることはまずない。しかし慣習として，報告書には有意水準…%で仮説が支持されたと書く。報告書に記す有意水準は過誤の確率なので小さいほうがよい。

3　分散が既知の場合の平均値の検定

(1)　平均値の信頼区間

母集団が正規分布 $N(\mu, \sigma^2)$ にしたがうとき，互いに独立な標本 $x_1, x_2, \cdots, x_n$ の平均 $\bar{x}$ の期待値は μ，平均 $\bar{x}$ の分散は $\frac{\sigma^2}{n}$ の正規分布にしたがうことをすでに学んだ。平均 $\bar{x}$ を標準化した $\frac{\bar{x}-\mu}{\sigma/\sqrt{n}}$ は標準正規分布 $N(0, 1)$ にしたがうので，その値が -1.96 から $+1.96$ の範囲に入る確率は95%となる。

$$P\left(-1.96 \leq \frac{\bar{x}-\mu}{\sigma/\sqrt{n}} \leq +1.96\right)=0.95$$

$P(\cdot\cdot)$内の左側の不等式を変形して $-1.96 \leq \dfrac{\bar{x}-\mu}{\sigma/\sqrt{n}} \Rightarrow$(両辺に$\dfrac{\sigma}{\sqrt{n}}$を掛けて) $-1.96\dfrac{\sigma}{\sqrt{n}} \leq \dfrac{\bar{x}-\mu}{\sigma/\sqrt{n}} \cdot \dfrac{\sigma}{\sqrt{n}} \Rightarrow -1.96\dfrac{\sigma}{\sqrt{n}} \leq \bar{x}-\mu \Rightarrow$ (μを左辺に移項して整理すると) $\Rightarrow \mu \leq \bar{x}+1.96\dfrac{\sigma}{\sqrt{n}}$

同様に，$P(\cdot\cdot)$内の右側の不等式を変形して

$$\frac{\bar{x}-\mu}{\sigma/\sqrt{n}} \leq +1.96 \Rightarrow \bar{x}-1.96\frac{\sigma}{\sqrt{n}} \leq \mu$$

よって$P(\cdot\cdot)$内は，$\bar{x}-1.96\dfrac{\sigma}{\sqrt{n}} \leq \mu \leq \bar{x}+1.96\dfrac{\sigma}{\sqrt{n}}$と変形でき，

$$P\left(\bar{x}-1.96\frac{\sigma}{\sqrt{n}} \leq \mu \leq \bar{x}+1.96\frac{\sigma}{\sqrt{n}}\right)=0.95$$

となるので，母集団の平均μの95%信頼区間は図表５－８の通り，

$$\bar{x}-1.96\frac{\sigma}{\sqrt{n}} \leq \mu \leq \bar{x}+1.96\frac{\sigma}{\sqrt{n}}$$

90%信頼区間の場合であれば，正規分布表より片側5%点を読み取り1.96に替えて1.64を使えばよい。一般に，上側に有意水準α%の棄却域を置く標準正規分布のパーセント点（上側信頼限界）をz_{α}の記号で書くと，$z_{\frac{5\%}{2}}=1.96$で，

$$\bar{x}-z_{\frac{\alpha}{2}}\frac{\sigma}{\sqrt{n}} \leq \mu \leq \bar{x}+z_{\frac{\alpha}{2}}\frac{\sigma}{\sqrt{n}}$$

と書き直せる。

図表５－８　母集団が標準正規分布 $N(0, 1)$ のとき，
1個の標本値 x が 95% の確率で入る範囲

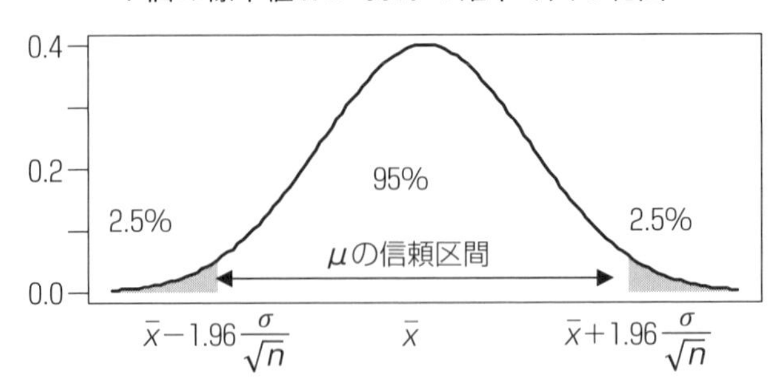

例題　スーパーでリンゴを3個500円で買った。重さを計ると290g，295g，315gだった。なぜか分散は100と知っている。このとき，スーパーで売っていたリンゴの平均値の95%信頼区間を求めよ。

解答　標本の大きさ $n=3$ で，標本平均 $\bar{x}=\frac{1}{3}(290+295+315)=300.$

分散 $\sigma^2=100$ より $\sigma=10.$ よって，$1.96\frac{\sigma}{\sqrt{n}}=1.96\frac{10}{\sqrt{3}}=11.3.$

リンゴの平均値の95%信頼区間は $(300-11.3, 300+11.3)=(288.7, 311.3)$ となる。

(2)　平均値の値に関する仮説を棄却する

次の例題で平均値の値に関する仮説を考える。

例題 Aさんが和菓子屋でバイトして1個80gの饅頭を作っていたら店長から「重さが合ってないのでは？」と指摘された。5個の重さを計ると，平均82gで標準偏差が2gだった。標準偏差については店長が「こんなもんだろう」と言うので既知とし，帰無仮説を「Aさんは平均80gの饅頭を作っている」として，5%有意水準で重さのばらつきを正規分布に当てはめて仮説検定せよ。

解答 題意を整理する。Aさんが作る饅頭1個の重さを確率変数Xとして，Xがしたがう分布を正規分布$N(\mu, \sigma^2)=N(80, 2^2)$とする。

この正規分布から標本$n=5$個を取り出し平均$\bar{x}=82$(g)を求める。帰無仮説の「Aさんは平均$80g$の饅頭を作っている」を$H_0: \mu=80$とする。対立仮説を「Aさんは平均$80g$の饅頭を作っていない」を$H_1: \mu \neq 80$とする。

確率変数Xの平均値$\overline{X}$の期待値は$E(\overline{X})=\mu$，分散は$V(\overline{X})=\dfrac{\sigma^2}{n}$なので，

標準化得点$z=\dfrac{\bar{x}-\mu}{\sigma/\sqrt{n}}=\dfrac{82-80}{2/\sqrt{5}}=2.24$は標準正規分布$N(0, 1)$にしたがう。

すなわち，$\dfrac{\bar{x}-\mu}{\sigma/\sqrt{n}} \sim N(0, 1)$。ただし～は分布にしたがうの意味の記号。

2.23は標準正規分布の両側5%有意水準の棄却域（1.96, ＋∞）の範囲にある

図表5－9　分散が既知で，正規分布にしたがう母集団の平均値の仮説検定

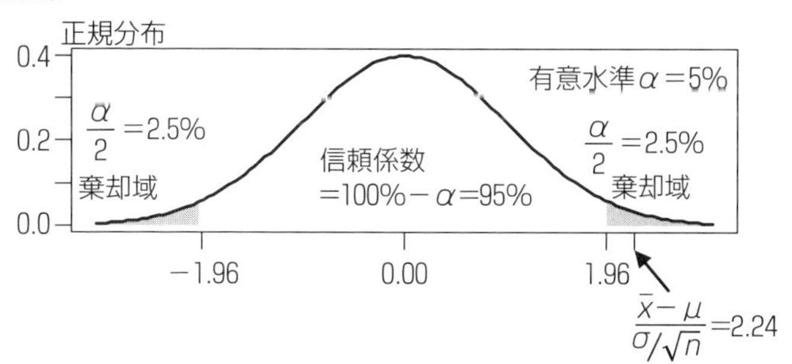

ため帰無仮説 H_0：$\mu = 80$ は棄却される（図表５－９）。よって，対立仮説 H_1：$\mu \neq 80$ が支持され，A さんが作っている饅頭の平均は 80g ではないと言える。

標準化得点を標準正規分布に当てはめる検定を示したが，標本平均の 82(g) が母集団の平均 μ の信頼区間に入っているか否かを検定しても，同じ結果が得られる。平均 μ 信頼区間は $\left(\bar{x} - 1.96\frac{\sigma}{\sqrt{n}}, \bar{x} + 1.96\frac{\sigma}{\sqrt{n}}\right) = (80.25,\quad 83.75)$ となり，帰無仮説の 80(g) は信頼区間の外にあるため帰無仮説は棄却される。

▶正規分布の信頼区間と棄却域を描く

1. 両側信頼区間を描く。
2. 両側信頼区間と片側信頼区間を比較する。

◆正規分布の両側信頼区間を描く

Ｒコマンダーのメニュー［分布］－［連続分布］－［正規分布］－［正規分布を描く．．．］を選択すると，図表５－10の通り正規分布の確率密度関数を描くウィンドウが表示される。

図表５－10　正規分布の確率密度関数の描画用ウィンドウ

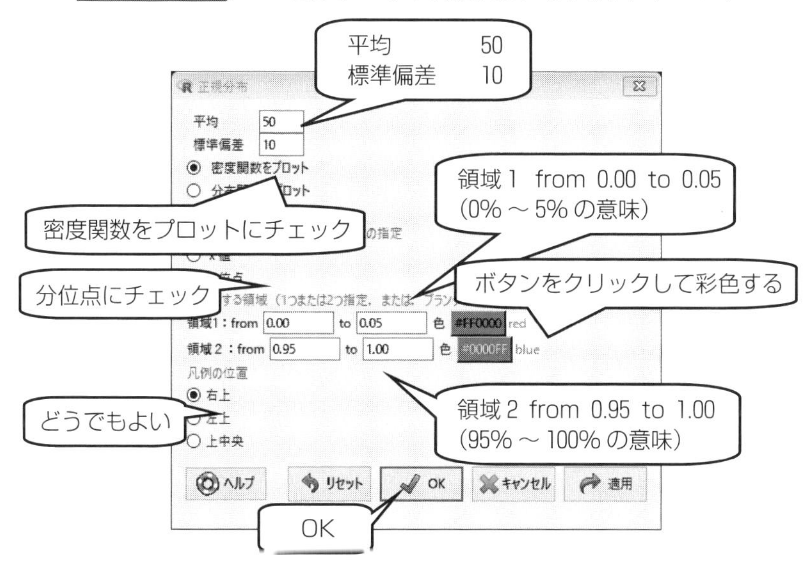

正規分布の確率密度関数の形状は平均値と分散の２個のパラメータで定まる。図表５－10の通り，分布の山の全体に加えて，中央の白地の信頼区間と，左右の塗りつぶした棄却域の領域も併せて描画する。下側5%の棄却域は，図表５－10の分位点の領域１にfrom 0%から5%の意味で「0.00」to「0.05」と入

力して描画できる。上側5%の棄却域は，領域2に「0.95」to「1.00」と入力して描画できる。信頼区間は図表5－11の凡例に表示される。

図表5－11　正規分布の確率密度関数の描画用ウィンドウ

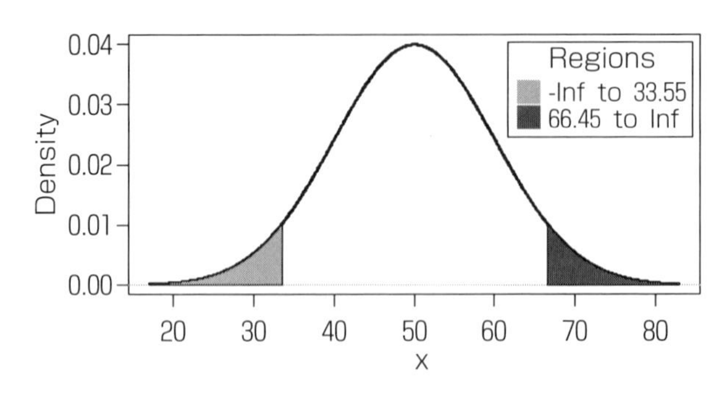

◆標準正規分布の片側信頼区間と両側信頼区間を比較する

片側検定と両側検定では，どちらが帰無仮説を棄却して対立仮説を支持しやすいだろうか。平均0で分散1の標準正規分布について，棄却域を5%として片側信頼区間と両側信頼区間を描いて信頼区間の範囲を求めて比較する。片側信頼区間を求めるには，図表5－11の分位点の領域の入力を片側だけにすれば良い。

片側検定と両側検定のどちらを使うか，分析者として配慮すべきことを考察してみよう。

第6章 平均値の仮説検定

本章のポイント

統計量の計算

- 独立同一分布（i. i. d.）から多くのサンプルを抜き取って足す（和をとる）と，中心極限定理からその分布は正規分布に近づく。
- つまり，X_i（$i=1, 2, \cdots, n$）が平均μ, 分散σ^2のある分布に従うとき，以下①，②とも正規分布に近づく。①，②の平均はやはりμのままである。

$$\sum_{i=1}^{n} X_i \cdots\cdots ① \qquad \frac{1}{n}\sum_{i=1}^{n} X_i = \overline{X} \cdots\cdots ②$$

- 上記①，②の分散は

$Var(X_j)=\sigma^2$ なら，$Var(X_1+X_2+\cdots\cdots+X_n)=\sigma^2+\sigma^2+\cdots+\sigma^2=n\sigma^2$

$$Var(\overline{X})=Var\left(\frac{1}{n}(X_1+X_2+\cdots\cdots+X_n)\right)=\frac{1}{n^2}Var(X_1+X_2+\cdots\cdots+X_n)$$

$$=\frac{1}{n^2}(n\sigma^2)=\frac{1}{n}\cdot\sigma^2$$

- つまり，$\overline{X}$は$\overline{X}\sim N(\mu, \frac{1}{n}\sigma^2)$。$\overline{X}$の分散が$\frac{1}{n}\sigma^2$より，標準偏差は$\frac{\sigma}{\sqrt{n}}$である。平均を引いて標準偏差で割れば（標準化すれば）標準正規分布であ

るため，$\dfrac{\overline{X}-\mu}{\sigma/\sqrt{n}} \sim N(0,1)$となる。**【以上，基本その1】**

- その上で，μに関する帰無仮説を上式に代入したものをz統計量と呼ぶ。

標本分散・不偏推定量・不偏分散

- 正規分布の特徴と帰無仮説を利用して，z統計量を求めることができるが，σは母集団のパラメータであり，通常は知り得ない（母集団について知りたい・推測したいからこそ，サンプルを抽出して分析していることが多い！）
- よって，標本分散を$\hat{\sigma}^2$とし，σ^2の推定量とする。**【以上，基本その2】**

$$\hat{\sigma}^2 = \frac{1}{n-1}\sum_{i=1}^{n}(X_i - \overline{X})^2$$

- 上記の$\hat{\sigma}^2$は，$E(\hat{\sigma}^2)=\sigma^2$という性質を持っている。この性質を持たせるために，平均回りの2乗和をnではなく（$n-1$）で割っている。
- 一般に，θの推定量$\hat{\theta}$が$E(\hat{\theta})=\theta$という性質を持つとき，$\hat{\theta}$はθの**不偏推定量**であるという。上記の場合，$\hat{\sigma}^2$をσ^2の**不偏分散**と呼ぶ。

t分布，t検定

- 不偏分散のルート$\hat{\sigma}$をσの推定値として使い，$\dfrac{\overline{X}-\mu}{\sigma/\sqrt{n}}$の代わりに$\dfrac{\overline{X}-\mu}{\hat{\sigma}/\sqrt{n}}$を計算することができる。このとき，$\mu$は帰無仮説の値を用いているので，帰無仮説を（正しいと）仮定していることになる。
（正しいと仮定して，棄却されるような（棄却域に行くような）極端な値になるかどうかを調べるのが基本方針）
- $\dfrac{\overline{X}-\mu}{\hat{\sigma}/\sqrt{n}}$は$z$統計量ではない。
（残念ながら）正規分布ではなくt分布という分布に従う。
- t分布は**自由度**（degree of freedom）という指標によって形状が変わる。

上記の場合，自由度は（n － 1）となる。このとき，以下のように表す。

$\dfrac{\overline{X}-\mu}{\hat{\sigma}/\sqrt{n}} \sim t(n-1)$　　（　　）内に自由度を表記する慣習がある。

- $H_0: \mu=\mu_0$, $H_1: \mu \neq \mu_0$ とすると，$t=\dfrac{\overline{X}-\mu_0}{\hat{\sigma}/\sqrt{n}}$ を計算し，この値を t 値（t 統計量）と呼ぶ。
- 有意水準（例えば5%）に対応する有意点 t_c と t 値の大小関係を比較する。$|t| > t_c$ なら H_0 を棄却する（そうでなければ H_0 を棄却しない）。

以上の手続きを t 検定と呼ぶ。**【以上，基本その3】**

• Keywords •

- z 統計量，不偏推定量，不偏分散
- t 分布，自由度，t 検定，t 値（t 統計量）

前章で「平均80gの饅頭を作っている」という帰無仮説を棄却して，「平均80gの饅頭を作っていない」という対立仮説を主張する方法について学んだ。今度は，「饅頭の重さの平均が80gより小さい（あるいは大きい）」と主張する方法について学ぶ。前章で学んだ手順のどこを変更しているか考えてみよう。また，等しいと主張する場合と小さい（あるいは大きい）と主張する場合の主張のしやすさを考えてみよう。

1　両側検定と片側検定

(1)　両側検定：≠を主張する

「A店とB店の売上は異なる」と主張したいときも，「A店の売上はB店の売上より大きい」と主張したいときも，帰無仮説は同じく「A店とB店の売上は等しい」とする。主張したい対立仮説が「A店とB店の売上は異なる」のときは，売上の差がプラスでもマイナスでもゼロから大きく外れていれば良いので，棄却域を確率分布の両側に置く。この場合の対立仮説を特に**両側対立仮説**（two-sided/two-tailed alternative hypothesis）という。主張したい対立仮説が「A店の売上はB店の売上より大きい」とするときは，（A店の売上－B店の売上）がプラスに対応する確率分布の片側に棄却域を置く。この場合の対立仮説を特に**片側対立仮説**（one-sided/one-tailed alternative hypothesis）という。

(2)　片側検定：＜または＞を主張する

棄却域を確率分布の両側に設定する検定を**両側検定**（two-sided/one-tailed test），片側だけに設定する検定を**片側検定**（one-sided/one-tailed test）という。

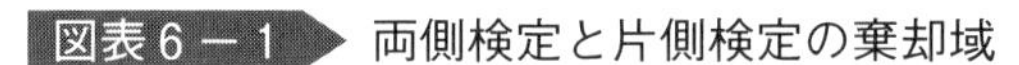

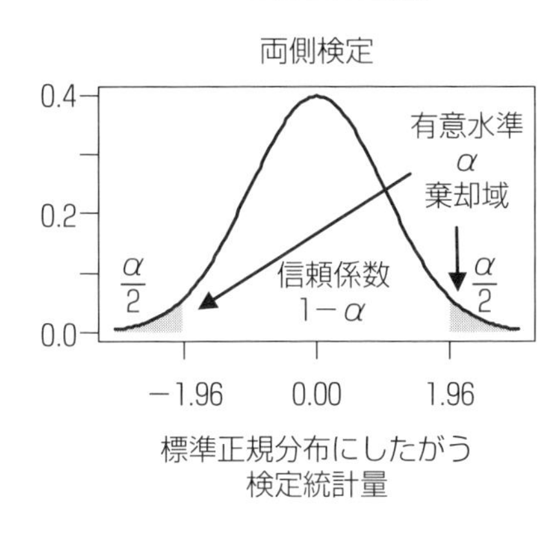

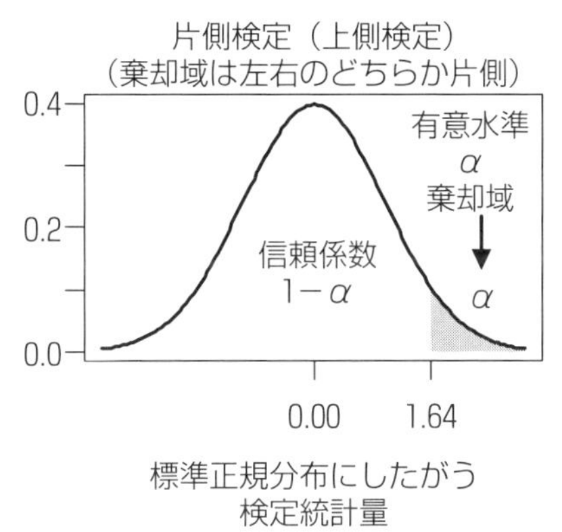

図表6－1の通り，両側検定の場合は2つの棄却域の面積の合計を有意水準とする。左右の信頼区間や棄却域を区別するとき下側（lower），上側（upper）と形容する。棄却域が上側にあれば**上側検定**（upper-sided/upper-tailed test），下側にあれば**下側検定**（lower-sided/lower-tailed test）という。有意水準5%で両側検定する場合は，上側と下側に2.5%の棄却域を設ける。

例題　Aさんが和菓子屋でバイトして1個80gの饅頭を作っていたら店長から「大きすぎないか？」と指摘された。5個の重さを計ると平均82 gだった。標準偏差が2gと知っているとして，帰無仮説を「Aさんは平均80gの饅頭を作っている」として，5%有意水準で重さのばらつきを正規分布に当てはめて片側検定せよ。

解答　両側検定と片側検定の相違は，棄却域のパーセント点と対立仮説にある。

帰無仮説H_0:「Aさんは平均80gの饅頭を作っている」を$H_0 : \mu = 80$と置く。

対立仮説H_1:「Aさんは平均80gより重い饅頭を作っている」を$H_1 : \mu > 80$と置く。

図表6－2　分散が既知で，正規分布にしたがう母集団の平均値の片側検定

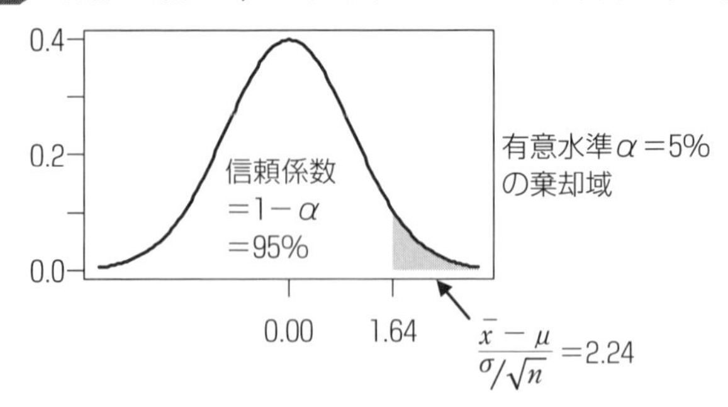

標準化得点 $z=\frac{\bar{x}-\mu}{\sigma/\sqrt{n}}=\frac{82-80}{2/\sqrt{5}}=2.24$ は標準正規分布 $N(0, 1)$ にしたがう。2.24は標準正規分布の片側5%有意水準の棄却域（1.64, ＋∞）の範囲にあるため帰無仮説 $H_0：\mu=80$ は棄却される（図表6－2)。よって，対立仮説 H_1「Aさんは平均80gより重い饅頭を作っている」が支持される。

片側検定の場合も両側検定の場合も帰無仮説は同じ「$H_0：\mu=80$」である。片側検定の場合の対立仮説は「$H_1：\mu > 80$」と「$H_1：\mu < 80$」の2通りあり，主張したいほうを選択する。饅頭の場合であれば「軽い」と主張したいか「重い」と主張したいかで棄却域を確率分布の左右のどちらに設定するか選ぶ。

この例で，対立仮説を $H_1：\mu < 80$ 「Aさんは平均80gより軽い饅頭を作っている」とすると棄却域は（－∞，－1.64）となる。標準化得点の2.24は棄却域の外にあるので帰無仮説は棄却されない。一般に，重いか軽いか主張が明確な場合のみ，片側検定を使う。

2　分散が未知の場合の平均値の分布

(1)　カイ2乗分布とは

標準正規分布 $N(0, 1)$ にしたがう独立な確率変数 $X_1, X_2, \cdots, X_n$ の2乗和を，新しく確率変数 W とする。確率変数 W のしたがう分布を，自由度 n の**カイ2乗分布**（chi-square distribution with n degree of freedom：あるいは χ^2 分布

図表６－３　カイ２乗分布

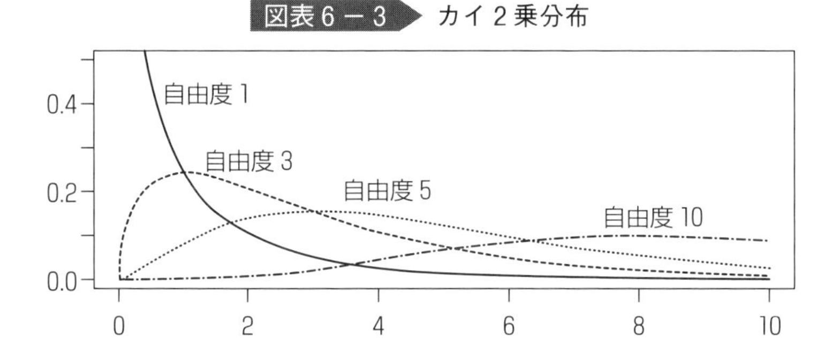

（χはギリシャ語のカイ））といい，$\chi^2(n)$の記号で表す。

$$W = {X_1}^2 + {X_2}^2 + \cdots + {X_n}^2$$

加算する確率変数の個数nがカイ２乗分布の唯一のパラメータであり，期待値と分散は正規分布の性質を用いて計算し，$E(W) = n$，$V(W) = 2n$となる。

図表６－３の通り２乗和の確率変数はゼロ以上の値をとり，確率分布の形状は右に裾が長く，自由度によって形状が異なる。カイ２乗分布は正規分布や一様分布のように確率的な社会事象を当てはめる分布ではなく，統計的検定に用いるために統計学者が作り出した分布である。例えば標準化して標準正規分布にしたがうと仮定した変数のn個の標本の分散は，n個の標本の偏差の２乗和の平均であるから，カイ２乗分布を用いて標本の分散の分布を評価することができる。このとき標本の大きさnが分布の自由度に相当する。

(2)　t分布とは

確率変数Zが標準正規分布$N(0, 1)$にしたがい，確率変数Wが自由度nのカイ２乗分布にしたがい，ZとWは独立とする。このとき，

$$t = \frac{Z}{\sqrt{W/n}}$$

の算式で計算した値を新しい確率変数とし，その分布を自由度nの**t分布**（t

図表６－４　t 分布

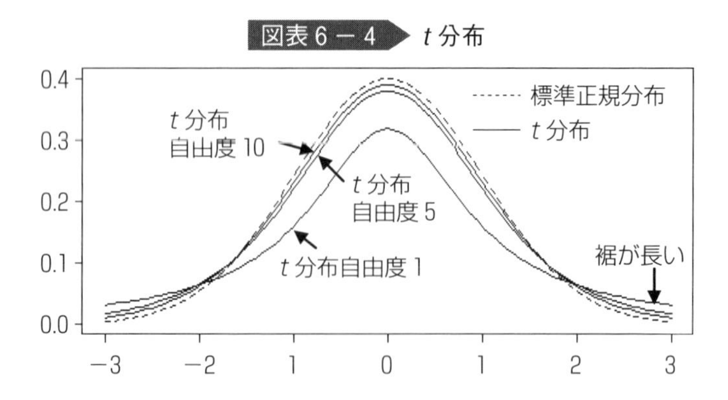

distribution with n degree of freedom）と呼んで記号 $t(n)$ を用いて表す。期待値と分散は，$E(t)=0$，$V(t)=\frac{n}{n-2}$，（ただし $2<n$）である。t 分布はカイ２乗分布同様に検定用の分布である。図表６－４の通り左右対称で，自由度が小さいと正規分布より裾が長く，自由度が大きくなると分布の形状が正規分布に近づく。

(3)　標本数と自由度

自由度とは，自由に動ける変数の個数の意である。カイ２乗分布の自由度が n であるとは，標準正規分布にしたがう n 個の変数を２乗して足したので，n 個の変数が自由に動けることを意味している。自由度は標本数とも関係がある。標準正規分布から n 個の標本を取り出し，不偏分散を求める計算を考える。不偏分散は標本値の平均からの差である偏差の２乗和の平均である。２乗和を求めるという点で，カイ２乗分布の定義に沿った計算をしている。そこで，n 個の標本から求めた不偏分散の自由度は n になりそうだが，実際は $n-1$ となる。-1 は平均値の推定に使った自由度である。

平均値の推定で標本数から自由度が減ることを直観的に説明する。10 人を無作為に選んで身長を測る。今，10 人の身長の値は自由である。次に平均値を 160cm とする。今度は，9 人の身長は自由に変更できるが，平均値が定まっているので 10 人目の身長は自動的に定まる。平均値を定めたことで，自由度を1個失ったのである。

3　分散が未知の場合の平均値の検定

正規分布にしたがう確率変数は，標準化得点$=\dfrac{\text{データの値}-\text{平均}}{\text{標準偏差}}$により平均と標準偏差が定数の場合のみ分布の形状を変えずに平均ゼロ，標準偏差1の分布に変換できる。母集団の分散が未知の場合は，標本から標準偏差を推定するため標準偏差が確率変数扱いとなり，標準化得点は確率変数を確率変数で割り算した正規分布と異なる分布となる。統計学の初期はこの事実が見逃されていたが，1908年にウイリアム・ゴセット（William Sealy Gosset, 1876－1937）がスチューデントというペンネームで論文を発表し，正規分布ではなくt分布となることを示した。このためスチューデントのt分布ともいう。ゴセットはビール会社のギネスで品質管理の業務をしている際にこの事実を見出し，ギネスが社員に論文発表を禁じていたことから，ほぼすべての論文をペンネームで発表した。ピアソンとフィッシャーによる統計学の開拓期に実務家であるゴセットが統計学に貢献した逸話として，ギネスの品質管理の水準を示す逸話として知られている。

〈検定の2つのケース〉

ケース1：母分散σ^2が既知のとき，$\dfrac{\bar{x}-\mu}{\sigma/\sqrt{n}}$は標準正規分布$N(0, 1)$にしたがう。

ケース2：母分散が未知のとき，母分散の推定量を$\hat{\sigma}^2$とする。$\dfrac{\bar{x}-\mu}{\hat{\sigma}/\sqrt{n}}$は自由度$n-1$の$t$分布にしたがう。

自由度が標本の大きさnより1小さいのは，平均値の推定に自由度を1つ使ったからと説明される。線形回帰分析の場合も回帰係数の個数に応じて自由度が減る。途中計算の推定値に応じて自由度が減るのは不偏分散の算式が$\hat{\sigma}^2=\dfrac{1}{n-1}\sum_{i=1}^{n}(x_i-\bar{x})^2$と$n-1$で割り算しているのと理由は同じである。自由度が1減る理由を $n=1$ の場合で考えよう。標本が1つ x_1 だけであれば平均値の推定値 $\bar{x}=x_1$ で $\hat{\sigma}^2=\frac{1}{1-1}(x_1-x_1)^2=\frac{1}{0}$ となり分散を計算できない。$n=2$ で標本が x_1, x_2 なら $\bar{x}=\frac{1}{2}(x_1+x_2)$ となり，$\hat{\sigma}^2=\frac{1}{2-1}\left\{(x_1-\bar{x})^2+(x_2-\bar{x})^2\right\}=\frac{1}{1}\cdot 2\left(\frac{x_1+x_2}{2}\right)^2$ となり2個の偏差の2乗和を計算しているようで実は2乗する項は1個である。カイ2乗分布の定義は2乗する確率変数の個数が自由度であった。

$$W={X_1}^2+{X_2}^2+\cdots+{X_n}^2$$

したがって，$n=2$ の場合の自由度は1となる。同様に $n=3$ の場合の自由度は2となる。次式の t 分布の定義の通り，t 分布の自由度は分母の確率変数 W のカイ2乗の自由度であった。

$$t=\frac{Z}{\sqrt{W/n}}$$

よって，分散を推定して平均値を基準化した $\frac{\bar{x}-\mu}{\hat{\sigma}/\sqrt{n}}$ は自由度 $n-1$ の t 分布にしたがう。

図表6－5に自由度9の t 分布の95%信頼区間を描いた。t 分布は裾が厚いため図表6－1の標準正規分布に比べて［-1.96, $+1.96$］から［-2.26, $+2.26$］と信頼区間が広がっていることがわかる。

$$P(-1.64\leq x\leq +1.64)=0.90$$

信頼区間を求める算式は分散が既知の場合と同様に，標本数 $n=10$ で自由度が9であれば，

$$P\left(-2.26\leq\frac{\bar{x}-\mu}{\hat{\sigma}/\sqrt{n}}\leq +2.26\right)=0.95$$

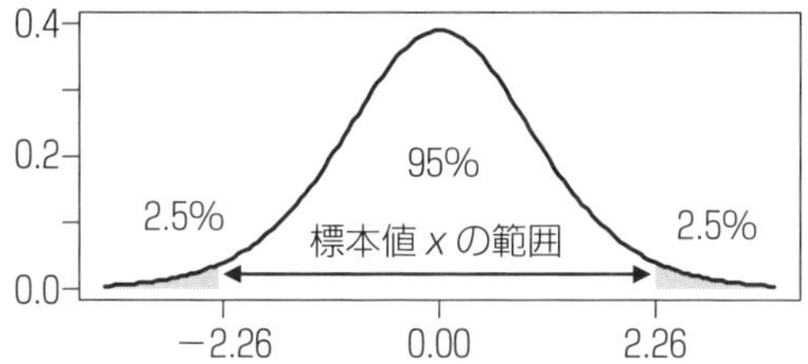

99 頁と同様に式を変形すると，

$$P\left(\bar{x}-2.26\frac{\hat{\sigma}}{\sqrt{n}}\leq\mu\leq\bar{x}+2.26\frac{\hat{\sigma}}{\sqrt{n}}\right)=0.95$$

よって，母集団の平均 μ の 95% 信頼区間は

$$\bar{x}-2.26\frac{\hat{\sigma}}{\sqrt{n}}\leq\mu\leq\bar{x}+2.26\frac{\hat{\sigma}}{\sqrt{n}}$$

一般に，上側に有意水準 α% の棄却域を置く自由度 $n-1$ の t 分布のパーセント点（上側信頼限界）を示す記号 $t_{\alpha}(n-1)$ を用いると，$t_{\frac{5\%}{2}}(10-1)=2.26$ で，

$$\bar{x}-t_{\frac{\alpha}{2}}(n-1)\frac{\hat{\sigma}}{\sqrt{n}}\leq\mu\leq\bar{x}+t_{\frac{\alpha}{2}}(n-1)\frac{\hat{\sigma}}{\sqrt{n}}$$

と書き直せる。分散が既知の場合と比べて，$n-1$ で割る不偏分散 $\hat{\sigma}^2$ を用い，標本数に応じて自由度が決まるのでパーセント点が異なることに留意する。

例題　A さんが和菓子屋でバイトして1個 00g の饅頭を作っていたら店長から「重さが合ってないのでは？」と指摘された。5個の重さを計ると，平均 82 g で標準偏差の不偏推定量が 2g だった。標準偏差を未知とし，帰無仮説を「A さんは平均 80g の饅頭を作っている」として，5% 有意水準で重さのばらつきを正規分布に当てはめて両側検定せよ。

解答　標準偏差が未知なので確率変数扱いとなり，平均値の標準化得点は自由度 $n-1=4$ の t 分布 $t(4)$ にしたがう。その他の手順は分散が既知の場合と同じである。

Aさんが作る饅頭1個の重さを確率変数 X として，X がしたがう分布を正規分布 $N(\mu, \sigma^2)=N(80, 2^2)$ とする。この正規分布から標本 $n=5$ 個を取り出し平均 $\bar{x}=82$(g)と，不偏分散 $\hat{\sigma}^2=\frac{1}{n-1}\sum_{i=1}^{n}(x_i-\bar{x})^2=2^2$ を求めた。

帰無仮説の「Aさんは平均80gの饅頭を作っている」を $H_0: \mu=80$ と置く。対立仮説を「Aさんは平均80gの饅頭を作っていない」を $H_1: \mu \neq 80$ とする。

標準化得点 $t=\frac{\bar{x}-\mu}{\hat{\sigma}/\sqrt{n}}=\frac{82-80}{2/\sqrt{5}}=2.24$，は自由度4の t 分布 $t(4)$ にしたがう。2.24は自由度4の t 分布の両側5%有意水準の棄却域$(-\infty, -2.78)$または$(2.78, +\infty)$の範囲にないので，帰無仮説 $H_0: \mu=80$ は棄却されない(図表6－6)。

よって，対立仮説 H_1「Aさんは平均80gの饅頭を作っていない」は支持されない。

帰無仮説が棄却されたことは帰無仮説が正しいことを意味しない。この結果をもって「Aさんが平均80gの饅頭を作っている」と主張することはできないが，Aさんにとっては店長の指摘が統計検定によって裏付けられなかったので，良い結果と言えるかもしれない。

図表6－6　分散が未知で，正規分布にしたがう母集団の平均値の両側検定

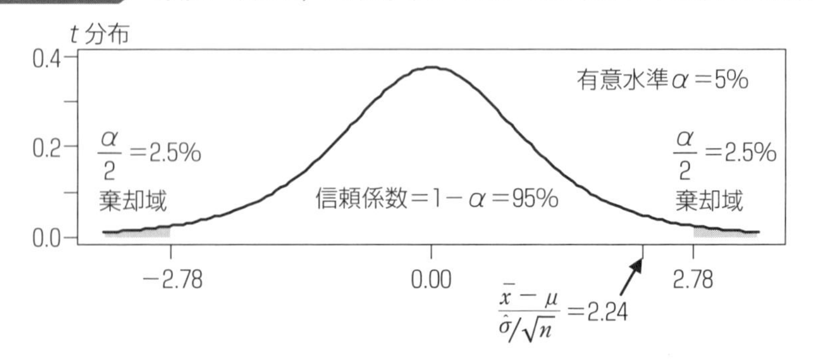

▶データを要約する

1. データの要約統計量を求める。
2. 平均値の値を仮説検定する。

◆ Rのサンプルデータを呼び出して要約統計量を求める

Rコマンダーを起動し，メニューから［データ］－［パッケージ内のデータ］－［アタッチされたパッケージからデータセットを読み込む］を選択すると，図表6－7の通りパッケージと，そのパッケージに収められた多数のサンプルデータが表示される。これらは各パッケージの利用例を示すためのサンプルデータや，分析手法の優劣を検証するために広く利用されるデータである。

図表6－7　パッケージ内のirisデータセットの読み込みウィンドウ

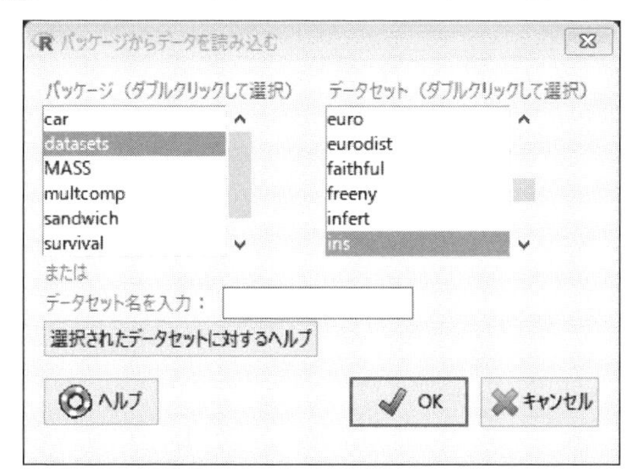

これらのデータセットで最も有名なのが，アヤメのデータのirisであろう。図表6－7のパッケージ選択欄で「datasets」をダブルクリックして選択するとデータセット欄にirisが表示される。アヤメのsepal（がく片）とpetal（花弁）の長さ（length）と幅（width）から，アヤメの品種（species）を判別するデータとして利用される。

Rコマンダーのメニューから［統計量］－［要約］－［数値による要約］を選択

し，変数に Petal.length（花弁の長さ）を選択し，OK ボタンをクリックする。

R コマンダー下段の出力ウィンドウに次の通り表示されるので，平均値と四分位点と最小，最大値を読み取る。

```
> numSummary(iris [, "Petal.Length"] , statistics=c("mean", "sd", "IQR",
+   "quantiles"), quantiles=c(0, .25, .5, .75, 1))
  mean       sd IQR 0% 25%  50% 75% 100%   n
 3.758 1.765298 3.5  1 1.6 4.35 5.1  6.9 150
```

◆平均値の検定をする

花弁の長さの平均は 3.758 であるが，4.0 ではないと言うために検定する。メニューから［統計量］－［平均］－［1 標本の t 検定 ...］を選択すると，図表 6－8 のウィンドウが開く。変数に Petal.length（花弁の長さ）を選択し，母平均 $\mu_0=4$ を帰無仮説として信頼水準 95%（有意水準は 5%）で仮説検定する。結果を読み取り，対立仮説が支持されるか否か判断する。

図表 6－8　数値による要約の変数選択ウィンドウ

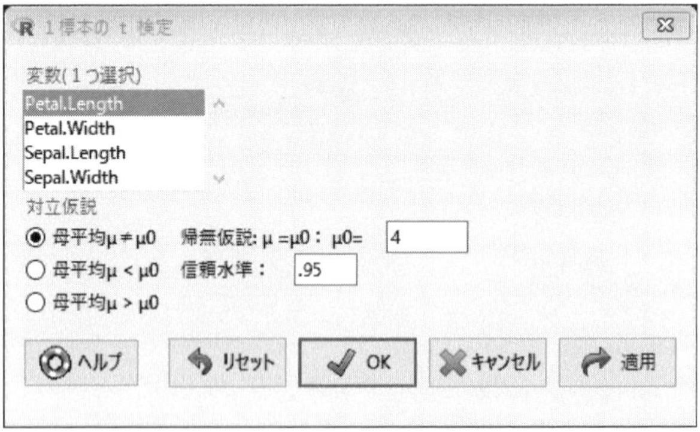

Column
分　類

複雑に見えるデータをよく眺めていると，ふと分類したくなることがある。複雑に見えるのは同じシートで２つのスライドを重ねて見ているからで，重ねる前の２つのスライドはシンプルかもしれない。そのような思いつきを確認するための，さまざまな分類手法がある。下図に分類手法を整理した。

分類法の分類

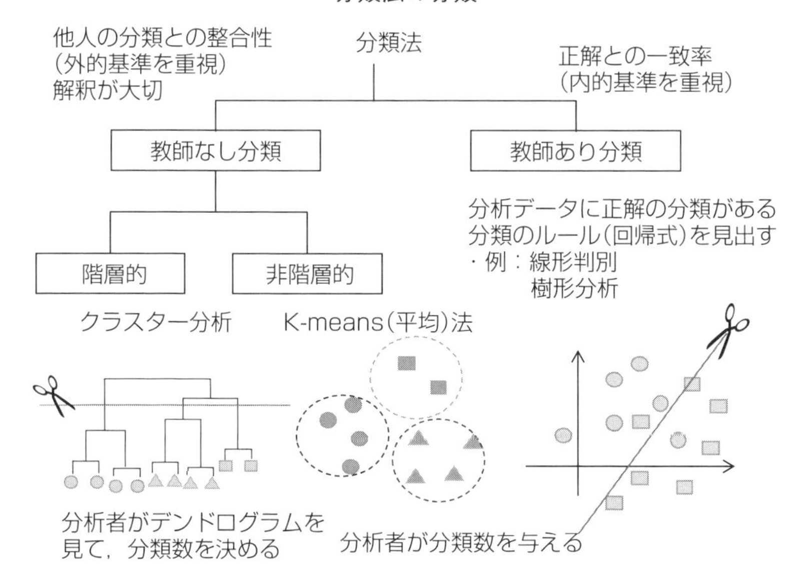

分類の手法は大きく分けて，分類の正解のない教師なし分類と，正解のある教師あり分類と呼ばれる２グループに分かれる。ファッションのスタイルの分類や，映画のジャンルの分類は正解のない分類となる。人間ドックのデータからガン患者を分類するのは，正解のある分類となる。正解のない教師なし分類では，およそ類似しているグループに分類する。そこで逐次的にグループを大きくする階層的手法と，空間座標の近い特定のグループに分ける非階層的手法がある。

代表的な階層的分類手法として，クラスター分析がよく使われる。クラスターはブドウの房の意味で，類似する対象を逐次集めていく様子をトーナメント表のように描いたデンドログラムと呼ばれる図のアナロジーに由来する名称であろう。正解のない分類をする際，分類の過程がデンドログラムで見えると便利である。

先のコラム（52～53 頁）と同じく，学生が調査設計したクラスター分析を紹介する。大学のマスコットキャラクターを新しく考えるという設定を履修生が考え，大学生の好みのタイプがどのように分かれているか分析する意図で，塩顔，醤油顔，ソース顔，砂糖顔，オリーブオイル顔それぞれについて好みの程度を 5 段階で質問した。下図は好みが似ている学生をクラスターに描いたデンドログラムである。デンドログラムの枝葉の葉の箇所の数字は回答者の通し番号で，下段で同じクラスターになるほど顔のタイプが似ている学生を示している。枠線で囲ったように，大きく 3 つのグループあることがわかる。特徴のないマスコットキャラクターを作るのも一案だが，このようにタイプの似たグループを発見すれば，そのターゲットに合わせて特徴のあるマスコットキャラクターを考えることができる。

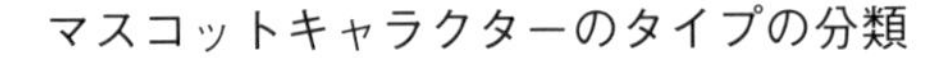
マスコットキャラクターのタイプの分類

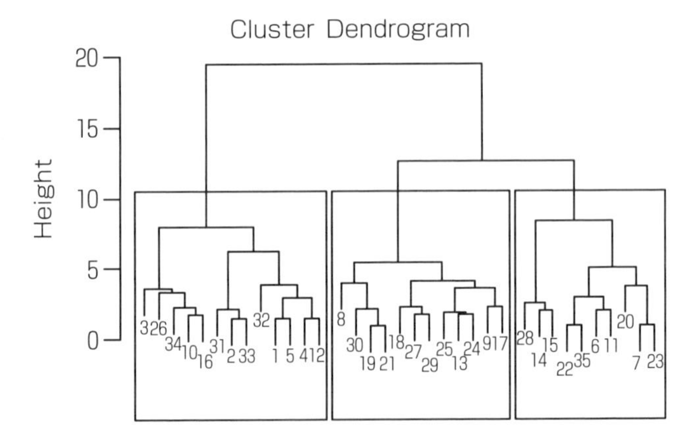

第7章 さまざまな仮説検定

本章のポイント

カイ2乗分布

- t 分布は2つの要素からなり，分子が標準正規分布，分母が**カイ2乗分布**（以下 **χ^2 分布**とも書く）を自由度で割ってルートをとったものに等しい。t 検定を説明するために，t 分布を説明したが，本来であれば χ^2 分布を先に説明するのが本筋である。
- χ^2 分布とは，標準正規分布にしたがう確率変数の2乗和である。足し合わせた数に応じて自由度が決まる。
- 確率変数 X が χ^2 分布にしたがうとき，$X \sim \chi^2(df)$ と表す。df は degree of freedom の略で自由度の意味である。自由度4なら $X \sim \chi^2(4)$ と表す。

適合度検定：カイ2乗検定(1)

- 例えば，ある小売店の月間売上高（1～12月）に差があるか否かを検定するとき，χ^2 分布を用いてカイ2乗検定を行う。これを**適合度検定**と呼ぶ。
- $H_0：O_1 = O_2 = O_3 = \cdots\cdots = O_{12}$　H_1：Not H_0（いずれかの等号が成り立たない）
- H_0 は各月の売上高は月間売上高の平均値であると言っていることと同じ

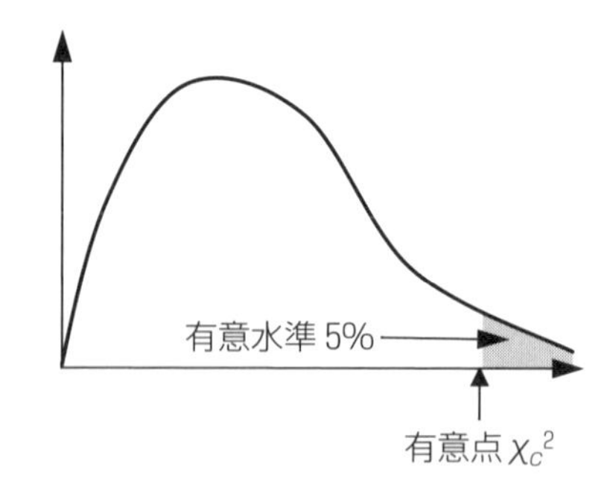

であり，その値を期待度数(E)とする。このとき，検定統計量 χ^2 値(χ^2 統計量)は以下となる。自由度 11(＝12－1)は，H_0 中の等号の数に等しい。

$$\chi^2=\frac{\sum_{i=1}^{12}(O_i-E)^2}{E}\sim\chi^2(11)$$

上記の統計量≧ $\chi_c{}^2$ → H_0 を棄却（毎月の売上は異なる）

上記の統計量＜ $\chi_c{}^2$ → H_0 を棄却できない（異なると言える証拠はない）

- **p 値（有意確率）**を使う方法もある。(通常，p 値が 5%または 1%以下なら H_0 を棄却)。p 値は「統計量がそれ以上に極端な値となる確率」のこと。
- これにより，有意水準何%で棄却できるか（できないか）がわかる。

独立性検定：カイ 2 乗検定(2)

- 例えば，「ある商品に対する好き嫌い（5 段階）が男女によって異なるか」を検定するとき，χ^2 分布を用いてカイ 2 乗検定を行う。これを**独立性検定**と呼ぶ。以下は，男女で好き嫌いの分布が異なっているか否か検定する例。
- 男女合わせた合計の分布（好き嫌いの 5 段階），男女別の分布を使って，5 段階の各期待度数 E_j（$j=1, 2, \cdots, 5$）を計算する。クロス集計表の各セルについて，$\frac{(O-E)^2}{E}$を計算し，すべてのセルについて合計する（O：観測度数，E：期待度数)。
- 自由度はクロス集計表の（行数－1)×(列数－1）となる。

- H_0：男女で分布は等しい。H_1：男女で分布は異なる。
  χ^2 統計量 $\geqq \chi_c^2 \rightarrow H_0$ を棄却し，男女で分布は異なると結論する。
  χ^2 統計量 $< \chi_c^2 \rightarrow H_0$ を棄却できず，分布が異なる証拠はないとする。

区間推定・信頼区間

- これといった仮説もないケースもある。例えば，「日本の大学生のスマホ利用料金は平均でいくらぐらいか」等々。サンプルを何人か抽出し，平均をとったが，この値はどの程度確からしいのか。そんなとき，「真の（母集団の）平均は95％の確率でこの範囲に入る」といった推定を行うことが可能である。これを**区間推定**という。使う道具は検定の場合と全く同じで，統計量と有意点である。
- 平均が95％でこの区間に入るというとき，「95％**信頼区間**」という。
- $\dfrac{\bar{x}-\mu}{\hat{\sigma}/\sqrt{n}} \sim t(n-1)$ のとき，$P\left(-t_c \leq \dfrac{\bar{x}-\mu}{\hat{\sigma}/\sqrt{n}} \leq t_c\right)=0.95 \quad (t_c > 0)$
- 上式の(　)内を解いて，$P\left(\bar{x}-t_c \cdot \dfrac{\hat{\sigma}}{\sqrt{n}} \leq \mu \leq \bar{x}+t_c \cdot \dfrac{\hat{\sigma}}{\sqrt{n}}\right)=0.95 \quad (t_c > 0)$

  この範囲（区間）$\left[\bar{x}-t_c \cdot \dfrac{\hat{\sigma}}{\sqrt{n}}, \bar{x}+t_c \cdot \dfrac{\hat{\sigma}}{\sqrt{n}}\right]$ を μ の「95％信頼区間」という。

  以下の図が仮説検定の際の棄却域と区間推定の際の信頼区間の関係を示す（有意水準5％，つまり95％信頼区間のケース）。

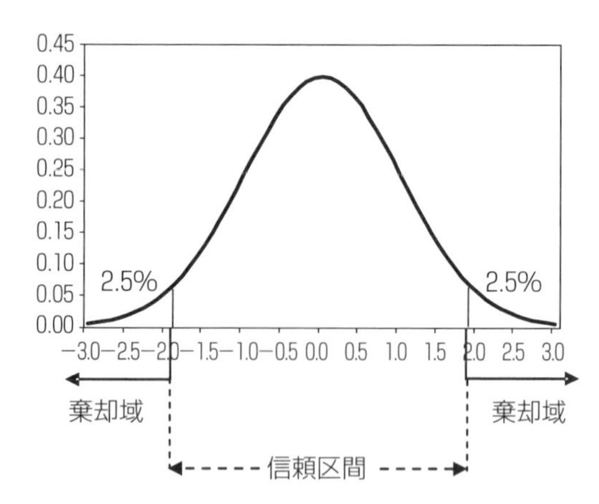

- 仮説検定と区間推定は，統計量と有意点を活用する点で，理論的な道具立てはほぼ同じであるが，以下２点の違いがある。
- ①主張したい仮説（対立仮説）が明確か否か（明確でない場合は区間推定しか方法がない），②仮説検定では有意点をあらかじめ決めるよりも，現在は p 値により，棄却できる有意水準を判断することが主流（区間推定は，95％信頼区間など，必ず範囲を先決めする必要がある）。

• Keywords •

- カイ２乗検定，カイ２乗分布（χ^2 分布），χ^2 値（χ^2 統計量）
- 適合度検定，独立性検定，クロス集計表
- p 値（有意確率）
- 区間推定，信頼区間

前章で，母集団の平均値に関する検定をする際，分散が既知の場合に正規分布を使い，分散が未知の場合に t 分布を使う検定を学んだ。なぜ検定の方法が違ったのか考えてみよう。また，第7章で学ぶさまざまな検定方法には，平均を引いて標準偏差で割り標準化得点を求めるという計算の共通点がある。それぞれの検定方法の共通点と異なる点を整理してみよう。

1　2つの母集団の平均値に関する検定

(1)　母集団の分散が既知の場合

次の例題を考える。

例題　レストランを経営していたらバイトさんが「もっとインスタやツイッターを使えばいいのに」と言うので「それでお客が増えたらボーナス出すよ」と応えたらSNSを使ってお店の宣伝を始めた。1週間後にSNSを使う前後の各1週間で客数を比べたら，1日平均の客数が30人から36人に増えていた。バイトさんにボーナスを出すべきか？　この期間に季節要因やイベント要因など他の影響はなく，標準偏差はSNS使用前が5人で使用後が6人を既知とする。

解答　SNS使用後の1日の客数 x が $N(\mu_1,\ \sigma_1^2)$ にしたがい，SNS使用前の1日の客数 y が正規分布 $N(\mu_1,\ \sigma_2^2)$ にしたがうと仮定し，帰無仮説を H_0：「SNS使用前で平均客数に変化がない」$(\mu_1-\mu_2=0)$，対立仮説を H_1：「SNS使用後に平均客数が増えた」$(\mu_1-\mu_2>0)$ として有意水準5%で片側検定する。

	標本数（日数）	平均（人／日）	分散（既知）
SNS使用後	$m=7$	$\bar{x}=36$	$\sigma_1^2=6^2$
SNS使用前	$n=7$	$\bar{y}=30$	$\sigma_2^2=5^2$

SNS使用後の標本平均$\bar{x}$は正規分布$N\left(\mu_1, \frac{\sigma_1^2}{m}\right)$にしたがい，SNS使用前の標本平均$\bar{y}$は正規分布$N\left(\mu_2, \frac{\sigma_2^2}{n}\right)$にしたがうことから，2つの正規分布にしたがう確率変数の和$\bar{x}+(-\bar{y})$は平均$\mu_1-\mu_2$，分散$\frac{\sigma_1^2}{m}+\frac{\sigma_2^2}{n}$の正規分布$N(\mu_1-\mu_2, \frac{\sigma_1^2}{m}+\frac{\sigma_2^2}{n})$にしたがう。よって，$\bar{x}-\bar{y}$の標準化得点は

$$z=\frac{(\bar{x}-\bar{y})-(\mu_1-\mu_2)}{\sqrt{\frac{\sigma_1^2}{m}+\frac{\sigma_2^2}{n}}}$$

は標準正規分布$N(0, 1)$にしたがう。よって，95%信頼区間を考えると，

$$P\left(-1.96 \leq \frac{d-(\mu_1-\mu_2)}{\sqrt{\frac{\sigma_1^2}{m}+\frac{\sigma_2^2}{n}}} \leq +1.96\right)=0.95$$

すなわち，

$$d-1.96\sqrt{\frac{\sigma_1^2}{m}+\frac{\sigma_2^2}{n}} \leq \mu_1-\mu_2 \leq d+1.96\sqrt{\frac{\sigma_1^2}{m}+\frac{\sigma_2^2}{n}}$$

帰無仮説H_0より$\mu_1-\mu_2=0$，標本結果より$m=n=7$，$\bar{x}-\bar{y}=36-30=6$，$\sqrt{\frac{\sigma_1^2}{m}+\frac{\sigma_2^2}{n}}=\sqrt{\frac{6^2}{7}+\frac{5^2}{7}} \fallingdotseq 2.95$，を上式に代入して$z=2.03$。図表7－1の通り，標準正規分布の片側5%有意水準の棄却域は（1.64，$+\infty$）の範囲にあるため帰無仮説H_0：「SNS使用前で平均客数に変化がない」は棄却され，対立

仮説を H_1：「SNS使用後に平均客数が増えた」が支持されるので，店長は集客に貢献したバイトさんにボーナスを出すべきである。

以上の通り，分散が既知の場合の平均値の差の検定（帰無仮説は $\mu_1-\mu_2=0$）は，$\dfrac{(\bar{x}-\bar{y})}{\sqrt{\dfrac{\sigma_1^2}{m}+\dfrac{\sigma_2^2}{n}}} \sim N(0,1)$ を用いている。

図表7－1 分散が既知で，正規分布にしたがう母集団の平均値の差の片側検定

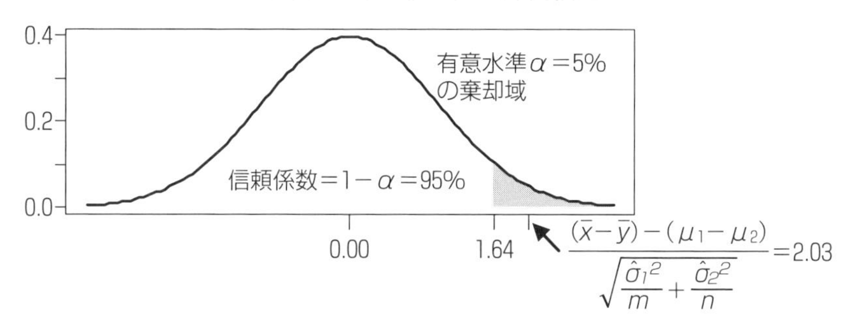

(2)　母集団の分散が未知で等しい場合

前述の例題で，2つの母集団の分散が未知だが等しいと仮定できる場合を考える。

	標本数（日数）	平均（人／日）	分散（未知）
SNS使用後	$m=7$	$\bar{x}=36$	$\hat{\sigma}_1^2=6^2$
SNS使用前	$n=7$	$\bar{y}=30$	$\hat{\sigma}_2^2=5^2$

SNS使用後の標本を $x_1, x_2, \cdots, x_m$，使用前の標本を $y_1, y_2, \cdots, y_n$ として，2つの標本を $x_1, x_2, \cdots, x_m, y_1, y_2, \cdots, y_n$ と一緒にすることを**プール**（pool）するという。プールして，SNS使用後と使用前の等しい母集団の**プールした分散**（pooled variance）σ^2 を推定する。

$$\hat{\sigma}^2 = \frac{\Sigma_i (x_i - \bar{x})^2 + \Sigma_i (y_j - \bar{y})^2}{m+n-2} = \frac{(m-1)\hat{\sigma}_1{}^2 + (n-1)\hat{\sigma}_2{}^2}{(m-1)+(n-1)}$$

分母の -2 は $\bar{x}$ と $\bar{y}$ の2つの平均の推定量に2個の自由度を使ったためである。

$\bar{x}+(-\bar{y})$ と2つの正規分布にしたがう確率変数の和の分布は，正規分布の性質から，平均と分散のそれぞれの和の正規分布となり，$\bar{x}-\bar{y}$ は $N(\mu_1-\mu_2, \frac{\hat{\sigma}^2}{m}+\frac{\hat{\sigma}^2}{n})$ にしたがう。標準化すると分散が未知なので，

$$t = \frac{(\bar{x}-\bar{y})-(\mu_1-\mu_2)}{\sqrt{\frac{1}{m}+\frac{1}{n}}\,\hat{\sigma}}$$

は自由度 $m+n-2$ の t 分布にしたがう。プールした分散は $\hat{\sigma}^2 = \frac{(7-1)\ 6^2+(7-1)\ 5^2}{(7-1)+(7-1)} = 30.5$，帰無仮説 H_0 より $\mu_1-\mu_2=0$ として，

$$t = \frac{(\bar{x}-\bar{y})-(\mu_1-\mu_2)}{\sqrt{\frac{1}{m}+\frac{1}{n}}\,\hat{\sigma}} = \frac{(36-30)-0}{\sqrt{\frac{1}{7}+\frac{1}{7}}\sqrt{30.5}} = 2.03$$

自由度 $m+n-2=7+7-2=12$ の片側5%有意水準の棄却域は $(1.78, +\infty)$ であり，2.03は棄却域の範囲にあるため帰無仮説 H_0：「SNS使用前で平均客数に変化がない」は棄却されて，対立仮説を H_1：「SNS使用後に平均客数が増えた」が支持される。

分散が未知で等しい場合の平均値の差の検定（帰無仮説は $\mu_1-\mu_2=0$）は，$\frac{\bar{x}-\bar{y}}{\sqrt{\frac{1}{m}+\frac{1}{n}}\,\hat{\sigma}} \sim t(m+n-2)$，ただし $\hat{\sigma}^2$ はプールした分散，の関係式を用いている。

(3) 対応のある標本の平均値の差の検定

例題 運動しないで誰でも痩せるサプリを売っていたので買ってきて５名の友人に体重の増減の実験をした。サプリ使用前後の平均値の差の 95% 信頼区間を求めよ。

体重（kg）	Aさん	Bさん	Cさん	Dさん	Eさん
使用前	45.0	53.5	48.0	42.0	47.5
使用後	43.5	54.0	46.5	42.0	46.5

解答 対応のある２標本（paired sample の差は，差を計算して１標本の問題と考えることができる。標本の使用前体重を $x_1, x_2, \cdots, x_n$，使用後体重を $y_1, y_2, \cdots, y_n$ とし，体重の差を $d_i = y_i - x_i$ とする。

	Aさん	Bさん	Cさん	Dさん	Eさん
体重増減 d_i	− 1.5	+ 0.5	− 1.5	0.0	− 1.0

標本についてまとめると，

標本の大きさ	差の平均	標準偏差の推定量
$n = 5$	$\bar{d} = -0.70$	$\hat{\sigma} = 0.91$

体重の差 d が正規分布 $N(\mu, \sigma^2)$ にしたがうとして，帰無仮説を H_0：「サプリの減量効果がない」($\mu = 0$)，対立仮説を H_1：「サプリの減量効果がある」($\mu < 0$)，として片側検定する。分散が未知の平均の検定により，標準化得点 $t = \dfrac{\bar{d} - \mu}{\hat{\sigma}/\sqrt{n}} = \dfrac{-0.7 - 0}{0.91/\sqrt{5}} = -1.72$ は自由度４の t 分布 $t(4)$ にしたがう。一般的に記すと

$$\frac{\bar{d} - \mu}{\hat{\sigma}/\sqrt{n}} \sim t(n-1)$$

この値は自由度４の t 分布の片側 5% 有意水準の棄却域（$-\infty$，-2.13）の範

囲にないので，帰無仮説 $H_0: \mu=0$ は棄却されない。よって，サプリに減量効果があるかわからない。

(4) 比率の信頼区間と検定

例題 無作為抽出した600人にドラマの視聴率調査をしたら10%であった。視聴率の95%信頼区間を求めよ。

解答 比率については検定より信頼区間を求める場合が多い。信頼区間に入っていない値が棄却域となるので，5%有意水準で棄却域を求めるのと，95%信頼区間を求める計算は同じとなる。

個人がドラマを見るか見ないかはYes/Noのベルヌーイ試行である。ドラマを視聴した人数はベルヌーイ試行を600回繰り返してYesといった人数なので $n=600$ の2項分布 $B(n, p)$ にしたがう。2項分布の期待値は $\mu=np$，分散は $\sigma^2=np(1-p)$ であった。視聴率は600人のYes(1)/No(0)の平均値だから2項分布の実現値を x として $\hat{p}=\dfrac{x}{n}=10\%$，

$$E(\hat{p})=E\left(\frac{x}{n}\right)=\frac{1}{n}E(x)=\frac{1}{n}np=p$$

$$V(\hat{p})=V\left(\frac{x}{n}\right)=\frac{1}{n^2}np(1-p)=\frac{p(1-p)}{n}$$

中心極限定理から視聴率は平均 p，分散 $\dfrac{p(1-p)}{n}$ の正規分布で近似できる。分散が未知なので大数の法則から p を $\hat{p}$ として推定して標準化すると，

$$z=\frac{\hat{p}-p}{\sqrt{\dfrac{\hat{p}(1-\hat{p})}{n}}}$$

は標準正規分布 $N(0, 1)$ にしたがう。

$$P\left(-1.96 \leq \frac{(\hat{p}-p)}{\sqrt{\frac{\hat{p}(1-\hat{p})}{n}}} \leq +1.96\right)=0.95$$

より 95% 信頼区間は，

$$\hat{p}-1.96\sqrt{\frac{\hat{p}(1-\hat{p})}{n}} \leq p \leq \hat{p}+1.96\sqrt{\frac{\hat{p}(1-\hat{p})}{n}}$$

$\hat{p}=10\%$，$n=600$ を代入すると，$7.6\% \leq p \leq 12.4\%$ となり視聴率の 95% 信頼区間は［7.6%, 12.4%］となる。検定について，例えば「ドラマの視聴率が 12% である」という帰無仮説は，12% が 95% 信頼区間に入っているので棄却できないが，15% の視聴率の帰無仮説は 95% 信頼区間の外にあるため棄却される。

上側に有意水準 α% の棄却域を置く標準正規分布のパーセント点（上側信頼限界）を z_α の記号で書いて，

$$\hat{p}-z_{\frac{\alpha}{2}}\sqrt{\frac{\hat{p}(1-\hat{p})}{n}} \leq p \leq \hat{p}+z_{\frac{\alpha}{2}}\sqrt{\frac{\hat{p}(1-\hat{p})}{n}}$$

購買比率や政党の支持率など２つの選択肢がある事象は，ベルヌーイ試行の繰り返しなので二項分布を当てはめ，中心極限定理で正規分布に近似して信頼区間を求める。信頼区間の幅は $\hat{p}$ の値によって異なり，$\hat{p}(1-\hat{p})$ は $\hat{p}=50\%$ のとき最大となる。今回の例では $\hat{p}=10\%$ のとき信頼区間は 10% ± 2.4% だが，$\hat{p}=50\%$ のときの信頼区間は 50% ± 4.0% となる。

2　度数に関する検定

(1)　単純集計とクロス集計

調査対象者を性別や居住地などの１つの名義尺度で分類し，人数を調べてまとめた表を**単純集計表**（simple tabulation）と呼ぶ。性別と居住地の２の変数で人数を調べた表を**クロス集計表**（cross tabulation）という。単純集計やクロス集計で，調査対象人数を度数と呼ぶのは度数分布表と同じである。

(2)　度数の適合度検定

図表7－2のローソンの来客数は，来客人数を来客した月で分類して人数を集計した単純集計表と読める。表を見ると，1月から7月にかけて来客数が増えていることがわかる。ここでは増えているという主張より控えめに，月によって来客数が異なることを検定する。すなわち，帰無仮説を「毎月の来客数は同じ」とし，この帰無仮説の棄却を目指す。帰無仮説通り来客数が同じであることを，毎月の来客数が離散一様分布にしたがうと仮定する。来客数が一様分布にしたがうならば，来客数の期待値は単純な平均値である。実際に観測した度数を期待値の度数に照らして，当てはまりの良さを検定する手法を**適合度検定**（goodness of fit test）という。

図表7－3に，単純集計の適合度検定をする表形式を示した。図表7－2を図表7－3の形式に合わせて作成し直すと，図表7－4の通りになる。期待度数は来客総数の合計を各月に等分した平均値である。したがい，観測度数と期待度数の合計は等しい。

図表7－2　ローソンの来客数

	1月	2月	3月	4月	5月	6月	7月	計
観測度数	769	787	807	833	827	856	884	5,763

図表7－3　適合度検定の表形式

カテゴリ	A_1	A_2	…	A_k	合計
観測度数（Observed）	O_1	O_2	…	O_k	n
期待度数（Expected）	E_1	E_2	…	E_k	n

図表７－４　ローソンの来客数

	1月	2月	3月	4月	5月	6月	7月	計
観測度数	769	787	807	833	827	856	884	5,763
期待度数	823.29	823.29	823.29	823.29	823.29	823.29	823.29	5,763

適合度検定では，観測度数と期待度数の差が小さいことを検定する。差にはプラスマイナスがあるため，差を２乗して符号をプラスにして足し合わせる。これまでの学習から，２乗の足し算なら分散の計算と同じでカイ２乗分布と想像がつくかもしない。度数が多い場合は次式がカイ２乗分布にしたがうことが分かっている。

$$\chi^2 = \sum_i \frac{(\text{観測度数}_i - \text{期待度数}_i)^2}{\text{期待度数}_i}$$

上式は自由度 $k-1$ のカイ２乗分布 $\chi^2(k-1)$ にしたがう。k は分類数である。この場合は $k=7$ である。

$$\chi^2 = \frac{(769-823.28)^2}{823.29} + \cdots + \frac{(884-823.28)^2}{823.29} \fallingdotseq 11.41$$

自由度 $6(=7-1)$ のカイ２乗分布において，95パーセント点は12.59となる。得られたカイ２乗統計量 $11.41 < 12.59$ であるので棄却域に入らない。したがい，客数は１月から７月にかけて増加しているように見えるが，一様であるという帰無仮説を棄却できない。

適合度には２つの使い方がある。１つは適合するという帰無仮説を棄却し，カテゴリごとに異なるという対立仮説を支持する目的で使う方法である。もう１つは，適合することを示すために使う方法である。共分散構造分析という手法の適合度指標は，カイ２乗統計量を提案モデルからのかい離度として，実測値が提案モデルに適合していることを示す指標である。仮説検定の手続きとしては，適合して帰無仮説を棄却できない場合に主張できることは何もない。カイ２乗統計量の適合度を示してあてはまりの良さを示すことは慣習として広く認められているが，これは仮説検定とは異なる論理である。

(3)　独立性とカイ2乗検定

クロス集計を用いて，2つの離散型の確率変数が独立であるか検定する方法として，**独立性のカイ2乗検定**（chi-square test of independence）が広く用いられる。

図表7－5は男女とある商品の購買の有無で500人を2×2のクロス集計表に集計したものである。男性で購入した人数の期待度数は

$$総数 \times 男性の比率 \times 購入者の比率 = 500 \times \frac{200}{500} \times \frac{150}{500} = 60$$

と計算する。男女と購買の有無が独立であれば，確率の積で同時に起きる確率を計算できる。したがい，この計算は独立であることを仮定した期待度数である。

$$\chi^2 = \frac{(50-60)^2}{60} + \frac{(100-90)^2}{90} + \frac{(150-140)^2}{140} + \frac{(200-210)^2}{210} \fallingdotseq 3.97$$

自由度はクロス集計表の（行数－1）×（列数－1）となることが知られている。2×2のクロス集計表の自由度は1となり，上側5パーセント点は3.84なので3.97は棄却域に入る。よって，購買の有無と性別は独立であるという帰無仮説は5%有意水準で棄却され，購買の有無と性別は関係があるという対立仮説が支持される。一般的な形式は図表7－6に示す。

「A商品の購買の有無」×「B商品の購買の有無」で2×2のクロス集計表を作成し，最も独立でないプラスに相関のある組み合わせを調べると，「A商品を買っている人は，B商品も買っています」という推奨システムに応用できる。

図表7－5　独立性の検定の観測度数と期待度数

	観測度数			期待度数		
	購入	未購入	計	購入	未購入	計
男性	50	150	200	60	140	200
女性	100	200	300	90	210	300
計	150	350	500	150	350	500

図表７－６ 独立性の検定の表形式

	B_1	B_2	$\cdots$	B_c	行和
A_1	f_{11}	f_{12}	$\cdots$	f_{1c}	$f_{1\cdot}$
A_2	f_{21}	f_{22}	$\cdots$	f_{2c}	$f_{2\cdot}$
$\vdots$	$\vdots$	$\vdots$		$\vdots$	$\vdots$
A_r	f_{r1}	f_{r2}	$\cdots$	f_{rc}	$f_{r\cdot}$
列和	$f_{\cdot 1}$	$f_{\cdot 2}$	$\cdots$	$f_{\cdot c}$	$n = f_{\cdot\cdot}$

２×２のクロス集計表を用いて独立性の検定を行うとき，カイ２乗検定は度数が多い場合の近似計算なので度数が少ない場合はカイ２乗検定を使うのが適当ではないという議論がある。すべての度数が５以上でなければイエーツの補正（Yate's correction）を使うべきという主張もあれば，必要ないという主張もある。カイ２乗分布ではなく超幾何分布という別の分布を利用したフィッシャーの正確検定（Fisher's exact test）のほうが検定の精度が良いという意見が今日の一般論であろう。しかし，独立性の検定にカイ２乗検定を使う人が多い。独立性の検定に限らず，ほとんどの検定手法や分析手法の良し悪しに関する議論は時代とともに変化していく。

$$\chi^2 = \sum_{i=1}^{r} \sum_{j=1}^{c} \frac{(O_{ij} - E_{ij})^2}{E_{ij}} \sim \chi^2((r-1)(c-1))$$

ただし，期待度数 $E_{ij} = n \dfrac{f_{i\cdot}}{n} \dfrac{f_{\cdot j}}{n}$，観測度数 $O_{ij} = f_{ij}$。

一般に $\dfrac{f_{i\cdot}}{n}$ と $\dfrac{f_{\cdot j}}{n}$ を行と列の**主効果**（main effect）という。主効果で説明できない行と列の組み合わせの効果を**交互作用**（interaction）という。独立性のカイ２乗検定は，交互作用がゼロではないことの検定である。

▶度数の検定をする

1. 度数の期待値に対する実現値の適合度を検定する。
2. 2つの変数の独立性を検定する。

◆度数の適合度を検定する

図表7－7に2015年度の日本代表サッカーチームの得点の単純集計表を示した。0点の観測度数が1とは，0点だった試合が1回あったことを意味している。サッカーの得点はポアソン分布に当てはまりやすい事象として知られている。ポアソン分布は災害件数や一定時間に会う人数など，連続して起きそうであまり起きない事象の度数によく適合する分布として知られている。サッカーの得点が本当に適合するか否か調べるため，ポアソン分布を仮定して期待度数を求めた値を図表7－7に記している。

図表7－7　日本代表のサッカーの得点の度数（2015年度）

得点	0点	1点	2点	3点	4点	5点	6点	合計
観測度数	1	6	3	3	2	1	1	17
期待度数	1.62	3.80	4.47	3.51	2.06	0.97	0.38	17

出所：公益財団法人日本サッカー協会 http://www.jfa.jp/samuraiblue/schedule_result/2015.html

適合度のカイ2乗値を求めると，

$$\chi^2 = \frac{(1-1.62)^2}{1.62} + \cdots + \frac{(1-0.38)^2}{0.38} \fallingdotseq 3.08$$

となる。サッカーの得点の度数はポアソン分布に適合するか否か，考えてみよう。

◆2つの事象の独立性のカイ2乗検定をする

オンラインショップで商品を購入すると，「この商品を買った人は，この商品も買っています」と併せ買いを推奨されることがある。オンラインショップの運営者は，2つの商品の購入が無関係でない商品の組み合わせを見出して，推奨していると考えられる。図表7－8の通り，100人の購買履歴を調べたところ，ある浮き輪を20人が購入し，ポンプを30人が購入していた。両方購入した人は20人であった。

図表7－8　浮輪とポンプの購入者の分割表

		ポンプ		
		購入	未購入	計
浮輪	購入	20	0	20
	未購入	10	70	80
	計	30	70	100

Rコマンダーのメニューから［統計量］－［分割表］－［2元表の入力と分析］を選択し，図表7－9の通り2元表を入力して分析し，結果を解釈しなさい。また，推奨システムを作る方法について議論しなさい。

図表7－9　2元表の入力と分析のウィンドウ

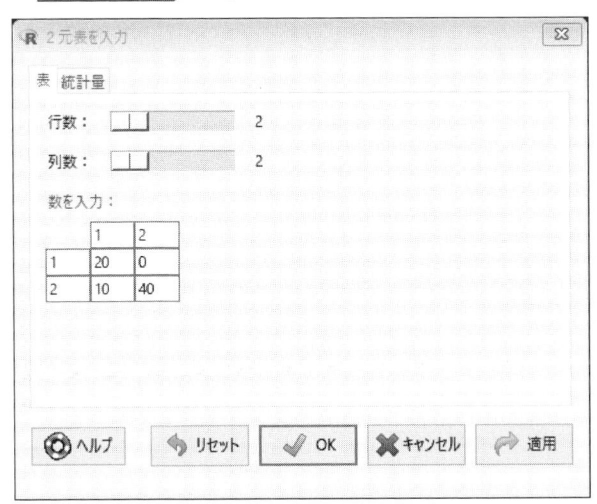

分散分析

本章のポイント

分散分析の目的と帰無仮説

- 「**分散分析**」という名前が難しそうに感じるかもしれない。最も簡単な理解の仕方は，「平均の比較を少し拡張したもの」という考え方だろう。
- グループ A, B 間で（例えば男女間で）平均に違いがあるかどうか検定する方法が平均の比較（t 検定）であったが，グループ A, B, C 間で比較する場合，t 検定は使えない。グループ A, B, C の母平均をそれぞれ μ_1, μ_2, μ_3 とすると，帰無仮説，対立仮説は以下となる。
- 帰無仮説 $H_0：\mu_1=\mu_2=\mu_3$　$H_1：\mathrm{Not}\ H_0$（いずれかの等号が成り立たない）このように，等号が複数現れる帰無仮説を**複合帰無仮説**という。第7章で学んだ適合度検定（カイ2乗検定）も複合帰無仮説を扱った。

分散分析の考え方と方法

- 総サンプル数を n，グループ A, B, C から抽出したサンプルの数をそれぞれ n_1, n_2, n_3，それらの平均と分散（不偏分散）をそれぞれ $\bar{x}_1, \bar{x}_2, \bar{x}_3, s_1^2, s_2^2, s_3^2$，またサンプル全体の不偏分散を s^2 とする。
- サンプル全体の平均回りの2乗和（全変動：S_T）

＝①（グループ分けによって説明できる部分）＋②（説明できない部分）

＝①（グループ平均間残差２乗和）＋②（グループ内残差２乗和の合計）

- S_T に占める①の割合がどの程度か，大きければA, B, Cへのグループ分けに意味がある（全変動をグループ分けによって説明できる）と考える。
- **F 分布**に基づく **F 検定**による。F 分布は独立な χ^2 分布（各自由度で除する）の比。χ^2 分布同様，統計量は0以上であり，有意点 F_c の右側を棄却域とする。
- 統計量の分子：上記①の２乗和／（自由度：$df\,1$ ＝グループ数－１）
  統計量の分母：S_T／（自由度：$df\,2$ ＝総サンプル数 n －グループ数）
- **F 統計量**＞ F_c →帰無仮説を棄却し，$\mu_1=\mu_2=\mu_3$ ではない(グループ分けに意味がある)と解釈する。現在は，F_c と比較するよりも p 値を点検する方法が主流。
- 他の統計量を用いる分散分析の方法もあるが，本テキストでは F 統計量だけを扱う。

正規性の仮定・等分散性の仮定

- 分散分析を行う前提として，母集団の各グループおよび全体の分布が正規分布であること，また，各グループの分散が等しいことを仮定している。これらを，「正規性の仮定」「等分散性の仮定」と呼ぶ。
- 正規性の仮定については，母集団およびサンプルが十分に大きいときは，中心極限定理から正規分布に近似できると判断し，あまり問題にすることはない。
- 等分散性の仮定は問題となることが多い。このため，あらかじめグループ間の分散が等しいか否かを，サンプルデータを使って事前に検定する。その上で，等分散の仮説が棄却されなければ分散分析，棄却されれば異なる方法を実行することが常套手段となっている。

2元配置の分散分析と交互作用

- グループ分けが2通りあり（年齢層と居住地域など），それぞれ意味があることを検定したい。それぞれの要因に関してF検定するだけでなく，**交互作用**の有無を確認するのが2つの要因を一度に検定する理由の1つである。2つの要因で同時に実行する分散分析を**2元配置の分散分析**と呼ぶ（1要因の分散分析は1元配置だが，ことさらに「1元配置の分散分析」と言わないことが多い）。
- 下図は売上に対する広告有無と都市の交互作用を示す。いずれの都市も広告効果が認められるが，その効果は大阪のほうが大きい。

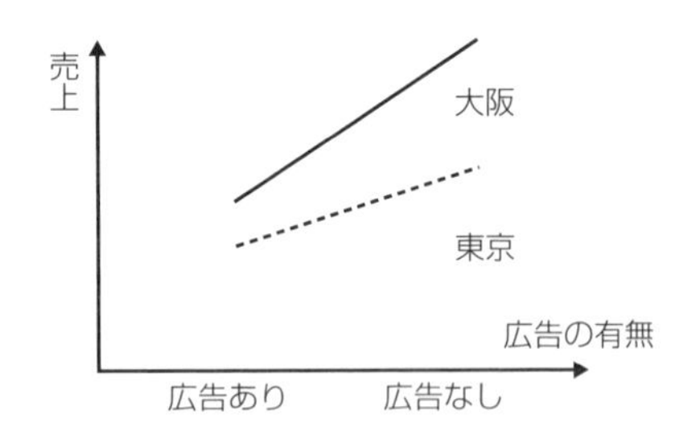

• Keywords •

- 分散分析，複合帰無仮説，F検定，F分布
- 正規性の仮定，等分散性の仮定
- 二元配置の分散分析，交互作用

良い分類について考えてみよう。私たちは日常的に多くのモノを分類している。例えばスーパーで食品を買うとき，価格やメーカーや生産地や賞味期限などのさまざまな情報を用いて買う商品と買わない商品を分類している。消費者にとって嬉しい商品の分類情報とは，どのような分類であろうか。商品の分類が消費者の購買の判断の分類と関係していることを，どのように確認すればよいだろうか。

1　分　類

(1)　標本を分類する

データを分類することで，データの特徴がよく見えることがある。英語の慣用句の apples to oranges（りんごとオレンジを比べるのは無意味）の通り，分類して考えるべきデータがある。例えば，りんごとオレンジが同じ箱に多数入って，その重さの分布が図表８－１の通りであったとする。２種類の果実の分布を見ていることに気づかなければ，２つの峰のある不思議な分布に見えるだろう。全体の重さの平均は，りんごとオレンジの平均の重さの中間付近にあるため，平均からの偏差はりんごではプラスが多く，オレンジではマイナスが多くなる。そのような偏差を計算するのは無意味で，りんごがオレンジより平均的に重いことを知っていれば十分である。

図表8－1　多峰性の分布

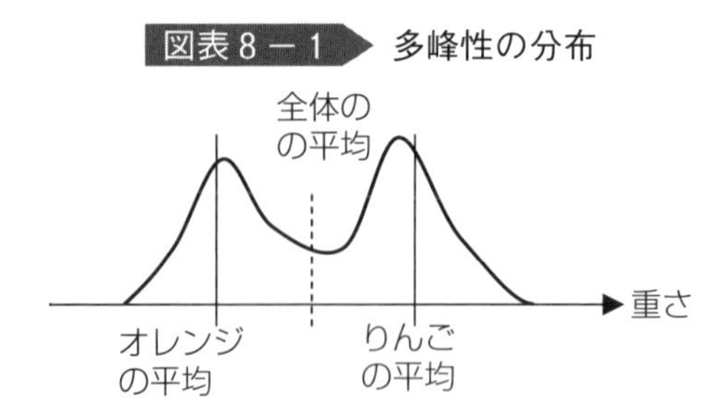

(2)　分類で説明できる分散と説明できない分散

図表8－1の事例の通り，オレンジだけ抜き出して計算した分散の値は，りんごとオレンジが混ざっていることに気付かずに全体の平均を用いて計算した分散の値より小さくなるだろう。分散を小さくできた要因は，オレンジとりんごの分類がデータの重さに影響しているためである。分類によって分散が小さくなることを，統計では「説明力がある」という。この例では，りんごとオレンジの分類が重さに対して説明力があるといえる。オレンジだけ抜き出した分散を計算してもゼロにはならないので，全体の分散を分類で説明できる分散と説明できない分散に分けて，分類の説明力の大きさを考えることができる。分散分析や線形回帰分析では，質的変数である分類や，重さと関係のある連続変数を用いて全体の重さの分散を説明する。

2　1元配置の分散分析

(1)　分散の比の分布：F 分布

分散分析の準備として，分散の比がしたがう分布について考える。2つの確率変数 W_1 と W_1 がそれぞれ独立で自由度 m_1 と m_2 のカイ2乗分布にしたがうとき，

$$F=\frac{W_1/m_1}{W_2/m_2}$$

のしたがう分布を自由度（m_1, m_2）の **F 分布**（F distribution with m_1 and m_2 degree of freedom）といい，記号 $F(m_1, m_2)$ を用いて表す（図表8－2）。確率

図表8－2　F分布

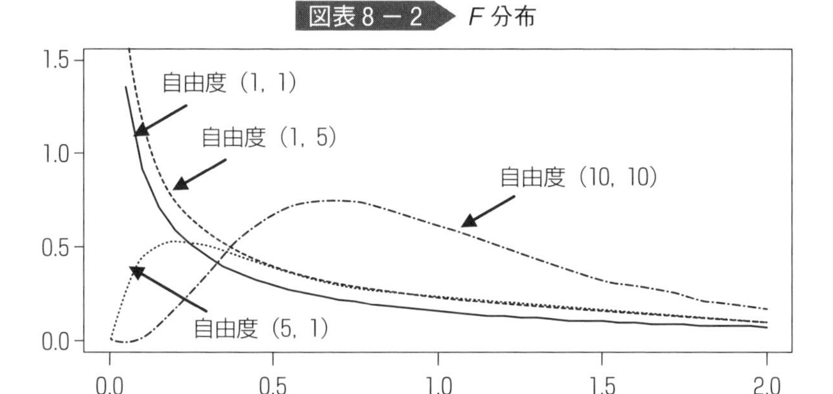

密度関数の式はとても複雑である。期待値と分散は，$E(F)=\dfrac{m_2}{m_2-2}$ ただし$(m_2>2)$，$V(F)=\dfrac{2m_2^{\,2}\,(m_1+m_2-2)}{m_1(m_2-2)^2(m_2-4)}$ ただし$(m_2>4)$である。

(2) 分類が有意か検定する

例題 お店のスタッフから，天気により売上が違うから天気予報を見て在庫管理しようと提案があった。過去15日の1日の売上（単位：万円）を天気ごとに並べると，次の通りであった。天気により売上が違うと言えるか。

晴れ	23	24	26	24	24	
曇り	25	23	21	21	22	24
雨	22	22	21	20		

解答 **分散分析**（analysis of variance：ANOVA）は，観測値のばらつきの分類要因を分析する。例題では売上が観測値で，天気が**要因**（factor，因子，属性）に対応する。要因は一般に質的変数（名義尺度）であり，分類の変数である。要因がとりえる値を**水準**（level）という。例題は

要因が１つの**１元配置**（1-factor design）**の分散分析**で３水準の観測データになっている。要因として，天気と曜日を組み合わせると２元配置となる。まず，１元配置の分散分析を説明する。上式のモデルは，

売上のばらつき＝天気要因＋その他

である。売上のばらつきの一部分が天気要因で説明できれば，天気予報を用いた売上予測に意味があると結論できる。図表８－３の通りデータを整理すると，

図表８－３ 分類による平方和の分解

水準	データの大きさ	平均	不偏分散	（データの大きさ－１）×不偏分散
晴れ $i=1$	$n_1=5$	$\bar{x}_1=24.20$	$\hat{\sigma}_1^2=1.20$	$(n_1-1)\hat{\sigma}_1^2=$ 4.80
曇り $i=2$	$n_2=6$	$\bar{x}_2=22.67$	$\hat{\sigma}_2^2=2.67$	$(n_2-1)\hat{\sigma}_2^2=13.33$
雨 $i=3$	$n_3=4$	$\bar{x}_3=21.25$	$\hat{\sigma}_3^2=0.92$	$(n_3-1)\hat{\sigma}_3^2=$ 2.75
合計	$\mathrm{n}=15$	$\bar{x}=22.80$	$\hat{\sigma}^2=2.89$	$(\mathrm{n}-1)\hat{\sigma}^2=$ 40.40

分散の推定量である不偏分散は$\frac{1}{\text{データの大きさ}-1}\sum(\text{観測値}-\text{平均値})^2$の算式となっているので，売上の分散を晴れと曇りと雨に分けて足して全体に戻すときに（データの大きさ－1）を掛ける。この値を**平方和**（sum of squares）という。

$$\sum(\text{観測値}-\text{平均値})^2$$
$$=\text{天気要因}+(n_1-1)\ \hat{\sigma}_1^2+(n_2-1)\ \hat{\sigma}_2^2+(n_3-1)\ \hat{\sigma}_3^2$$
$$\text{全体 }40.40=19.52\quad\underbrace{+\text{晴れ }4.80+\text{曇り }13.33+\text{雨 }2.75}_{\text{その他要因 }20.88}$$

上式より，$\sum(\text{観測値}-\text{平均値})^2$を天気別に分けないで計算すると40.40となり，天気別に計算して足すと20.88となる。差分は19.52である。もし天気により売上が決まりばらつきがなければ，天気別に計算した分散はゼロとなる。よって，20.88は天気で説明できなかった部分であり，残りの19.52が天

気で説明できた部分である。まとめると，分類しないで計算した分散は，うまく分類してから分類ごとに分散を計算すると減少する。この減少分が分類による説明力である。

「売上のばらつき＝　天気要因　＋　その他」を平方和の式で記すことを，**平方和の分解**（decomposition of sum of squares）といい，

総平方和（S_T）＝水準間平方和（S_A）＋残差平方和（S_e）

と記す。a 個の要因の水準の添え字を j，水準 j 内に $x_{j1}, x_{j2}, \cdots, x_{ji}, \cdots, x_{jnj}$ のデータがあり，全体の平均を $\bar{x}_{..}$，水準 j 内のデータの平均を $\bar{x}_{j.}$ とすると，

$$総平方和(S_T) = \sum_{j=1}^{a} \sum_{i=1}^{n_j} (x_{ji} - \bar{x}_{..})^2$$

$$水準間平方和(S_A) = \sum_{j=1}^{a} n_j (\bar{x}_{j.} - \bar{x}_{..})^2$$

$$残差平方和(S_e) = \sum_{j=1}^{a} \sum_{i=1}^{n_j} (x_{ji} - \bar{x}_{j.})^2$$

最後に天気要因とその他要因の大きさの比較を行い，天気による分類に意味があるか F 分布に当てはめて検証する。自由度(m_1, m_2) の F 分布は，確率変数 W_1 と W_2 がそれぞれ独立で自由度 m_1 と m_2 のカイ２乗分布にしたがうとき，

$$F = \frac{W_1/m_1}{W_2/m_2}$$

がしたがう分布と定義した。カイ２乗分布は標準正規分布の２乗和の分布であり，２つの平方和（２乗和）の比を検定するための分布である。W_1/m_1 を天気要因のばらつき，W_2/m_2 をその他要因のばらつきとし，その比率の値が偶然得る値に比べて十分に大きい，すなわち，天気要因で説明した平方和がその他要因の平方和より十分に大きいことを検証する。ここで１元配置の分散分析表をつくるのがお約束になっている。図表８－４の水準間の行に天気要因，残差（residual）の行にその他要因の平方和を記している。水準間の自由度が（水準の個数－1）となるのは，適合度検定において表の（列数－1）を自由度としたのと同じである。

図表8－4　1元配置の分散分析表

変動要因	平方和	自由度	平均平方	F統計量	p値
水準間	$s_A=19.52$	$m_1=a-1=2$ （aは水準の個数）	$V_A=\frac{s_A}{m_1}=9.76$	$F=\frac{V_A}{V_e}=5.61$	0.019 *
残　差	$s_e=20.88$	$m_2=n-a=12$	$V_e=\frac{s_e}{m_2}=1.74$		
合　計	$s_T=40.40$	$n-1=14$			

分散分析表の通りF統計量を求めると5.61となる。水準間の平方和$V_A=\frac{s_A}{m_1}$が残差の平均平方和$\frac{s_e}{m_2}$に比べて大きければF統計量は大きくなる。自由度$(m_1, m_2)=(2, 12)$のF分布表に当てはめるとp値0.019となり，有意水準5%よりp値が小さいので，「天気による売上の変動要因と残差に差がない」という帰無仮説を棄却し，天気によって売上の変動が説明できると解釈する。

3　2元配置の分散分析

(1)　2要因の組み合わせの効果：交互作用効果

例題　お店のスタッフから，天気により売上が違うから天気予報見て在庫管理しようと提案があった。過去15日の1日の売上（単位：万円）を天気ごとに並べると，次の通りであった。天気により平均の売上が違うと言えるか。

	A店	B店	C店	D店
晴れ	23	24	26	24
曇り	25	23	21	21
雨	22	22	21	20

解答　まず，図表8－5の通りデータの表形式を変換し，データの大きさが15の分析をしているとみなす。実際には4店×15日＝200の元データがある。元データがある場合はデータ行が200の表形式のデータを作る。集計結果の平均を分析するのに違和感を覚えるかもしれないが，集計結果を分析に使う事例を目にすることは少なくない。

図表8－5　2元配置の分散分析のデータ形式の変換

店	天気	売上	店	天気	売上
A店	晴れ	23	C店	晴れ	26
A店	曇り	25	C店	曇り	21
A店	雨	22	C店	雨	21
B店	晴れ	24	D店	晴れ	24
B店	曇り	23	D店	曇り	21
B店	雨	22	D店	雨	20

図表8－6にRを用いて分散分析をした結果を記した。1元配置の図表8－4の結果と比較して，要因が店と天気の2個に増えた。これを**2元配置の分散分析**という。自由度は，各要因の水準より1個少ない。F値は小さく，p値は5%有意水準より大きいため「売上が店で異なる」と「売上が天気で異なる」の帰無仮説を棄却できない。交互作用は，店により天気が売上に影響する程度が違うという，2つの要因の組み合わせの効果である。

図表8－6　2元配置の分散分析結果

	平方和 Df	自由度 Sum Sq.	平均平方和 Mean Sq.	*F*値 *F* value	*P*値 *P* value
店	4.7	3	1.6	0.32	0.81
天気	7.6	3	2.5	0.52	0.69
残差	24.4	5	4.9		

▶１元配置分散分析をする

1. 各分類で平均に差があることを１元配置分散分析する。
2. ３個以上の分類があるときは２つの分類ごとに差を見る。

◆アヤメ（iris）データを用いて１元配置分散分析を行う

第７章の演習で用いたirisデータセットを用い，アヤメの品種（species）の分類で，Petal.length（花弁の長さ）の分散を説明する分析を行う。Rコマンダーのメニューの［統計量］－［平均］－［1元配置分散分析］を選択し，図表８－７の通り１元配置分散分析の入力ウィンドウでグループに品種（species）を選択し，目的変数にPetal.length（花弁の長さ）を選択してOKボタンを押す。

図表８－７　１元配置分散分析の入力ウィンドウ

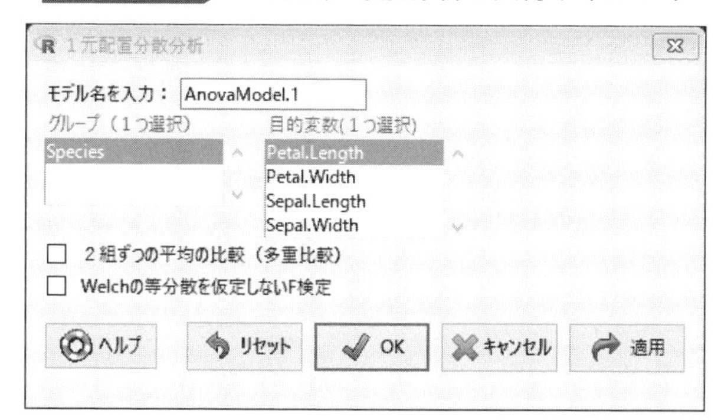

すると分析結果画面に図表８－８の通り表示される。

結果の前半は，図表８－４の計算手順で作成される分散分析表である。後半は，３品種setosaとversicolorとvirginicaの各平均値（mean）と標準偏差（sd）とサンプルの大きさ（data：n）が表示されている。分散分析表に各品種グループの平均値の大小の情報がないため，２つの情報を見比べることで分散分析の結果の解釈ができる。

図表8－8　1元配置分散分析の出力内容

```
> summary(AnovaModel.1)
             Df Sum Sq Mean Sq F value Pr(>F)
Species       2  437.1  218.55    1180 <2e-16 ***
Residuals   147   27.2    0.19
---
Signif. codes:  0 '***' 0.001 '**' 0.01 '*' 0.05 '.' 0.1 ' ' 1
> with(iris, numSummary(Petal.Length, groups(Species,
+ statistics(c("mean", "sd")))
            mean        sd data:n
setosa     1.462 0.1736640     50
versicolor 4.260 0.4699110     50
virginica  5.552 0.5518947     50
```

◆多重比較

図表8－8の最後の出力を見ると品種versicolorとvirginicaの平均は4.260と5.552と近い値のため，この2品種を分類することに意味はないかもしれない。図表8－7の入力画面で，2組ずつの平均値の比較（多重比較）にチェックを入れると，図表8－9の通り各2品種の差の信頼区間が表示される。この図表の結果を読んで解釈してみよう。

図表8－9　多重比較の信頼区間

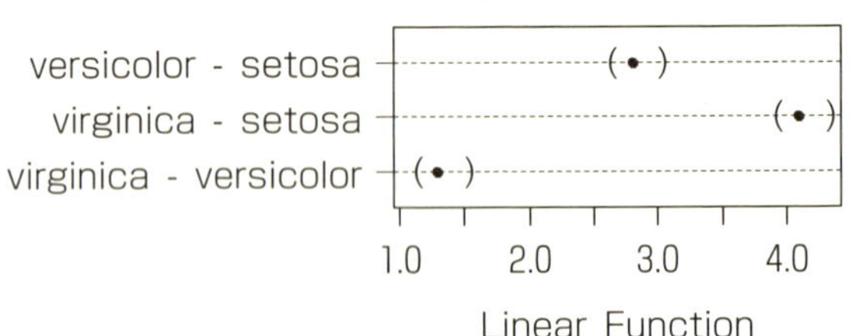

第Ⅲ部

回帰分析の基礎

第Ⅲ部は回帰分析である。文系学生にとって，第Ⅱ部の推測統計とともに，最も役立つツールの1つと言ってよいだろう。「ある現象がどんな要因によって説明できるのか」「各要因の影響はどの程度あるのか」といった疑問に答えるための分析手法が回帰分析である。初めは，1つの要因だけを考える単純回帰分析，次いで複数の要因が存在する重回帰分析を説明する。少しテクニカルな内容も含まれるが，こうした考え方に慣れることによって，データ分析の意義や有用性，そして限界も実感することができるだろう。

回帰分析とは何か

本章のポイント

ピアソンの相関係数

- 2変数の関連性の強さを調べる方法の1つに相関分析がある。**ピアソンの相関係数**は定量データどうし（2変量）の関係を示す代表的な指標で，以下の式で表す。通常，相関係数という時，ほとんどの場合，このピアソンの相関係数を指している。

$$\rho(x, y) = \frac{Cov(X, Y)}{\sqrt{Var(X)}\sqrt{Var(Y)}}$$

上記で，変数 X, Y が平均0，分散1の変数であれば(標準化された変数であれば)，上式は以下のように簡単に表すことができる。

$$\rho(x, y) = \sum_{i=1}^{n} X_i Y_i$$

単純回帰の考え方

- 説明される変数 Y（**被説明変数**），説明している変数 X（**説明変数**）とすると，単純回帰モデルは以下のように表す。被説明変数 Y を**従属変数**，説明変数 X を**独立変数**と呼ぶことも多いので，いずれの「呼び名」も覚えてほしい。

$$Y_i = b_0 + b_1 X_i + u_i$$

- X が Y を説明しており，X から Y への影響の強さがパラメータ b_1 で表されている。式中の，小さな i（添え字）は各データに対応し，サンプル数が n であれば，$i=1, 2, \cdots\cdots, n$ となる。また，u_i は**誤差項**（または**撹乱項**）と呼ばれ，回帰モデルに含まれていない変数の影響や測定誤差など様々な要因を含む。
- 上記のモデルを単純回帰モデル（単回帰モデル）と呼ぶ。
- ただ，上記の「真のモデル」において，従属変数 Y，独立変数 X は実際にデータとして観測される値だが，b_0, b_1, u_i を観測することはできないことに注意しよう（だから推定する！）。

パラメータの意味

- 上記の b_0, b_1 をパラメータ（**回帰パラメータ**，**回帰係数**ともいう）と呼ぶ。
- b_1 の意味は，X が１単位増加したとき，それに対応して Y がどれだけ変化するかを表す数値で，回帰分析ではこの b_1 の推定が目的となることが多い。
- b_0, b_1 が上記モデルの「真のパラメータ」と考えられるが，直接観測できないため，サンプルから推定することになる。b_0, b_1 の推定量をそれぞれ $\hat{b}_0, \hat{b}_1$ と表し，パラメータ推定量（推定パラメータ）と呼ぶ。$\hat{b}_0, \hat{b}_1$ を用いて Y_i の推定量 $\hat{Y}_i$ を表すと，$\hat{Y}_i = \hat{b}_0 + \hat{b}_1 X_i$ となる。これは直線であり，「回帰直線」という名で呼ばれる。

パラメータの推定

- 上記のようにモデルを設定することを定式化という。その後，パラメータを推定する。パラメータ推定量 $\hat{b}_1$ は以下のように計算される。

$$\hat{b}_1 = \frac{\sum_{i=1}^{n}(X_i - \overline{X})(Y_i - \overline{Y})}{\sum_{i=1}^{n}(X_i - \overline{X})^2} = \frac{Cov(X, Y)}{Var(X)}$$

- この推定方法を「**最小2乗法**」と呼び，いくつかの前提を満たせば理想的な性質を持っている。
- 回帰パラメータのうち b_0 を定数項という。回帰直線は必ず x, y の平均$(\overline{x}, \overline{y})$を通るので，$b_0$ の推定量 $\hat{b}_0$ は $\hat{b}_0 = \overline{y} - \hat{b}_1\overline{x}$ と計算される。ただし，回帰モデルでは(中学生のときに勉強した一次関数の y 切片とは違って) b_0 や $\hat{b}_0$ が注目されることはあまりない。

回帰直線の当てはまりと決定係数

- Y_i の予測値 $\hat{Y}_i$ を $\hat{Y}_i = \hat{b}_0 + \hat{b}_1 X_i$ とするとき，Y_i と $\hat{Y}_i$ の差を残差と呼ぶ。つまり，**残差** $\hat{u}_i = Y_i - \hat{Y}_i$ である。観測不可能な誤差項 u_i と計算結果である残差 $\hat{u}_i$ を混同しないように。
- **決定係数 R^2** は，以下の式で表される。1から差し引かれている部分は，分子が残差2乗和，分母が全体変動(平均回りの2乗和)であり，説明できない部分の割合が1から差し引かれていると解釈できる。したがって，R^2 はこの回帰分析によって説明される度合いである。もっと正確に言うと，「X_i を知ることによって Y_i の予測値 $\hat{Y}_1$ を（単に $\overline{Y}$ と予測するよりも)どれだけ正確に予測できるか」を示している。

$$R^2 = 1 - \frac{\sum_{i=1}^{n}\hat{u}_i^2}{\sum_{i=1}^{n}(Y_i - \overline{Y})^2}$$

- R^2 は0～1の範囲で変動し，回帰が全く無意味な（説明できていない）ケースは0，完全に説明しつくしている場合（すべてのデータが回帰直線上にある場合）は1となる。また，この値は，単純回帰モデルの場合に限り相関係数の２乗と一致する。

• Keywords •

- ピアソンの相関係数
- 回帰分析，単純回帰モデル（単回帰モデル），被説明変数（従属変数），説明変数（独立変数），パラメータ，誤差項（撹乱項）
- 回帰直線，パラメータ推定量（推定パラメータ），残差，決定係数

こんな冷菓のシーンを考えてみよう。あなたは今，冷菓のお店でアルバイトしている。あなたは毎日の販売成果報告書から，気温の変化と冷菓の販売量の関係を確認した。横軸(x)を気温，縦軸(y)を冷菓の販売量とする。その散布図は**図表9－1**の通りである。

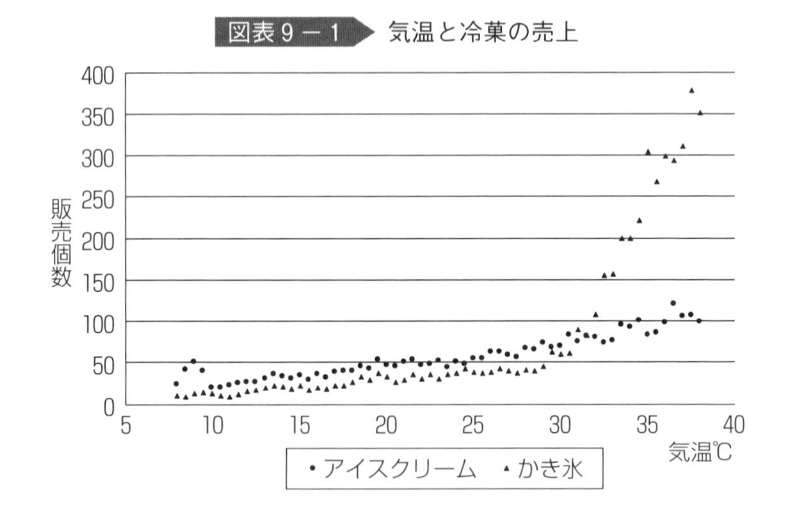

図表9－1 気温と冷菓の売上

このグラフから，気温の変化と冷菓の販売量の間にどのような関係が存在するだろう。また，もし明日の気温が38度であれば，アイスクリームとかき氷はそれぞれ何個売れると予測されるだろう。

2つの観測値の連動関係を分析する方法を考えよう。一方の変数の増加につれて他方の変数も増加する場合がある，あるいは一方の変数の増加につれて他方の変数も減少する場合がある，さらには両者の変化の間には何の関係もないというような場合があるが，その関係を数量的に分析する方法を考えよう。

1　相関分析とは

簡単に，2つの変数 X と Y の関係を考えよう。X と Y の間に区別を設けず，対等に見る見方や方法を**相関**（correlation）という。例えば，兄弟と姉妹の身長の関係は相関と考えてもよい。一般的に，2つの変数間の関係のことを**相関関係**と呼ぶ。特に統計学では，2つの変数の間に直線関係に近い傾向が見られるとき，「相関関係がある」ということが多く，直線的な傾向の程度は「強い」「弱い」と表現する。

「相関関係」に関する表現として，ある変数が増加すると別の変数も増加する場合は「正の相関関係がある」といい，ある変数が増加すると別の変数は減少する場合は「負の相関関係がある」という。

第2章に紹介した「散布図」（図表９－２）は視覚的に相関関係を表す基本ではあるが，見た目の感覚に左右されるため，相関を1つの数値で表すことを考えてみよう。なるべくこれによって同じ正の相関であっても，強い相関なの

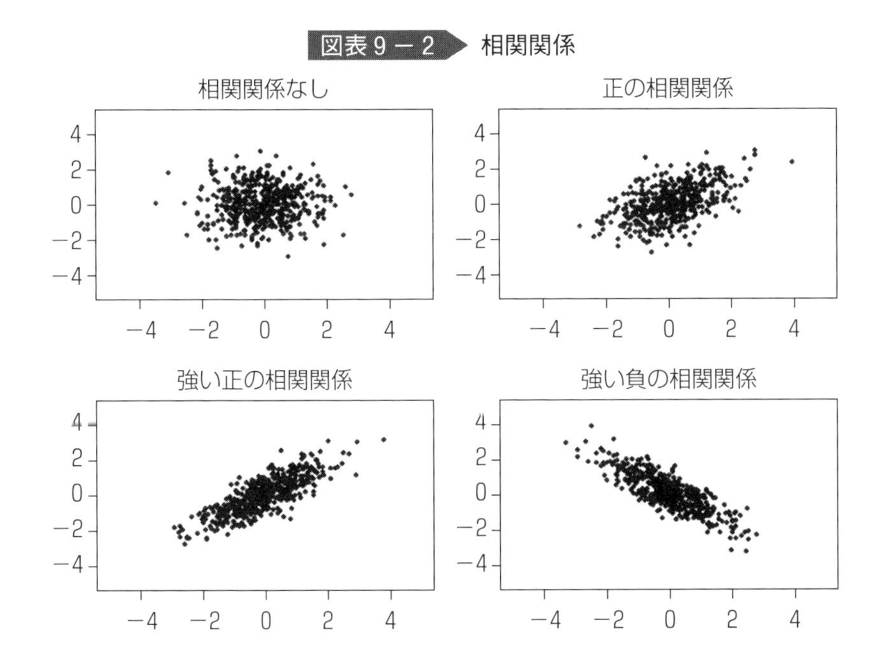

図表９－２　相関関係

図表9－3　散布図と象限

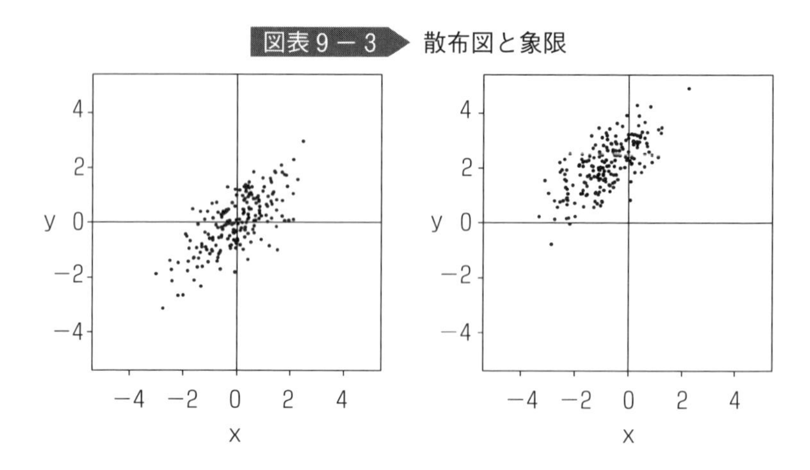

か弱い相関なのかという議論が可能になる。

図表9－3（左）を見て確認できるが，散布図が右上がりならば，第Ⅰ象限と第Ⅲ象限に点は集中し$(\sum_{i=1}^{n} X_iY_i > 0)$，散布図が右下がりならば，第Ⅱ象限と第Ⅳ象限に点は集中する$(\sum_{i=1}^{n} X_iY_i < 0)$。しかし，図表9－3（右）に示されたように，変数$X$と$Y$の平均値によって点の象限が変わることもあるため，散布図を変数XとYの平均線で4つの領域に分割して考える。散布図が右上がりならば，$\sum_{i=1}^{n}(X_i-\overline{X})(Y_i-\overline{Y})$の値は正で，散布図が右下がりであれば，その値は負になる。さらにXとYの単位によって，$\sum_{i=1}^{n}(X_i-\overline{X})(Y_i-\overline{Y})$の値が大きく変化することもあるため，$X$と$Y$の平均からの偏差をそれぞれの標準偏差を単位として考え積和を作成する。その手順を以下のようにまとめる：

(1)　散布図を変数XとYの平均線で4つの領域に分割する。

(2)　散布図が右上がりならば，第Ⅰ象限と第Ⅲ象限に点は集中する。散布図が右下がりならば，第Ⅱ象限と第Ⅳ象限に点は集中する。

(3)　XとYのそれぞれの平均からの偏差の積を考える。

(4)　積和をデータの数で割ったもの

$$\frac{1}{n}\sum_{i=1}^{n}(X_i-\overline{X})(Y_i-\overline{Y})$$

を**共分散**と呼び，σ_{xy} と表す。共分散が正なら正の相関，負なら負の相関があると考える。

(5)　X と Y の平均からの偏差をそれぞれの標準偏差を単位として考えて積和（標準化積和）を作成し，

$$\rho_{xy}=\frac{1}{n}\sum_{i=1}^{n}\frac{(X_i-\overline{X})}{\sigma_x}\cdot\frac{(Y_i-\overline{Y})}{\sigma_y}=\frac{\frac{1}{n}\sum_{i=1}^{n}(X_i-\overline{X})(Y_i-\overline{Y})}{\sqrt{\frac{1}{n}\sum_{i=1}^{n}(X_i-\overline{X})^2}\sqrt{\frac{1}{n}\sum_{i=1}^{n}(Y_i-\overline{Y})^2}}=\frac{\sigma_{xy}}{\sigma_x\,\sigma_y}$$

を**相関係数**と呼ぶ。よって，相関係数は

$$\rho_{xy}=\frac{X\text{と}Y\text{の共分散}}{X\text{の標準偏差}\times Y\text{の標準偏差}}$$

と表すことができる。相関係数は $-1\leq\rho\leq1$ であり，その値が正の場合には正の相関，負の場合には負の相関，その絶対値が１に近いほど相関が強いという。ただし，相関係数は，２つの変数の間の「直線的な」関係の強さを表すものであることに注意をする必要がある。相関係数は非常に０に近いが，変数間には強い非線形関係がある場合がある。相関係数はこのような関係を捉えることはできない。相関係数の数字のみを判断基準にすることは誤解を生みやすいので，散布図を併用することをお勧めする。

Column
因果と見せかけの相関と偏相関係数

2変数の相関係数が−1あるいは＋1に近いことは，2変数の間に原因と結果の因果関係（causality）があることを必ずしも意味しない。下の図のように，年功序列で年齢が高くなれば所得が増えて，体力が低下したとする。そうすると，低年齢では低所得・体力あり，高年齢では高所得・体力なしとなり，所得と体力は負の相関を示す。この3変数の相関関係において，年齢から所得，年齢から体力の相関関係は因果であると考えられる。所得と体力の相関関係は，**見せかけの相関**（spurious correlation）または**擬似相関**という。なぜなら，所得の増減により体力が増したり衰えたりしないし，体力の有無は所得の増減に影響しない。

相関関係には因果と見せかけの相関の2種類がある。ただし，下の図表は説明のための設定であり，実際の因果の有無ではない。社会的な事象の因果は，物理や化学の法則で説明できる事象と異なり，因果を厳密に検証することは難しい。

統計手法として，因果を主張してよい2つの方法がある。1つ目はグレンジャーの因果性検定で，「にわとりが先か，卵が先か」といった事象の発生順を示す時系列データ分析である。経済学の分野ではその方法をよく使う。2つ目は**偏相関係数**（partial correlation coefficient）を使う方法である。

偏相関係数とは，変数1から変数3まで3つの変数があるとき，変数3の影響を取り除いたあとの変数1と変数2の間の相関係数であり，擬似相関があるときに，2つの変数間の関係を正確に捉えるには偏相関係数がよく利用される。図に示された相関のイメージを例に，所得と体力の間に相関関係がないはずだが，別の変数（年齢）を介することによって，相関があるように見える。同様に，夏にアイスクリームの消費量と溺死者数の間に正の相関関係が観察されるとき，この2つの変数は「気温」という第3の変数を間に挟んでいるかもしれないからだ。

因果と擬似相関のイメージ

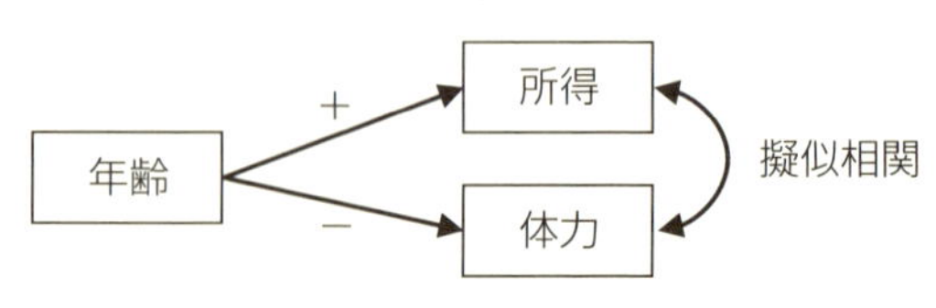

第３変数 Z の影響を取り除いた変数 X と変数 Y の相関係数，すなわち偏相関係数 $\rho_{xy \cdot z}$ の式は次式の通り。

$$\rho_{xy \cdot z} = \frac{\rho_{xy} - \rho_{xz}\rho_{yz}}{\sqrt{1-\rho_{xz}^2}\sqrt{1-\rho_{yz}^2}}$$

偏相関係数を用いて２変数 X と Y の相関関係を因果か見せかけの相関か評価する方法では，偏相関係数の値は第３の変数により定まることから評価の結果は第３の変数 Z 次第である。偏相関係数を用いて主張できる因果関係は，見ている変数の範囲の中の因果関係に限定される。他の変数を持ち込むことにより結果が覆る可能性があり，統計手法で主張できる因果を過信するのは危うい。それでも経営学において因果関係を見出すことはとても重要である。

序章に挙げられた例をもう一度考えてみよう（11頁）。ある国の各市について警察官の数と犯罪発生件数を調査し，明らかな正の相関が得られた。見せかけの相関の考え方を用いると，どのような解釈ができるだろうか。

2　回帰分析の考え方と道具

相関という対等に見る見方に対して，2つ変数 X と Y の関係の中，X から Y(あるいは Y から X)を見る見方を**回帰**（regression）という。例えば所得が消費に与える影響は回帰と考えてよい。変数間に原因と結果の関係（因果関係）が考えられるときに用いる手法の1つとして，回帰分析がよく使われる。簡単にいうと，相関は X と Y の間の相互関係を扱い，回帰は X から Y が決定される様子や程度を扱う。

(1)　回帰モデル

相関における「直線的」な関係とはどのようなものかを把握するのは，回帰分析の出発点である。コンビニの来店人数が商品の販売量に与える影響を考えよう。次の図表9－4はあるコンビニの20日間の営業状況について，来店人数と販売量を示したものである。その散布図を図表9－5（左）に示した。

図表9－4　コンビニの来店人数と販売量

#ID	来店人数（千人）	販売量	#ID	来店人数（千人）	販売量
1	466	749	11	105	169
2	30	44	12	135	227
3	112	186	13	108	192
4	48	65	14	139	251
5	64	86	15	97	174
6	82	184	16	26	29
7	23	31	17	27	33
8	123	208	18	137	193
9	86	155	19	20	26
10	93	157	20	160	244

図表9－5　来店客数と販売量の散布図

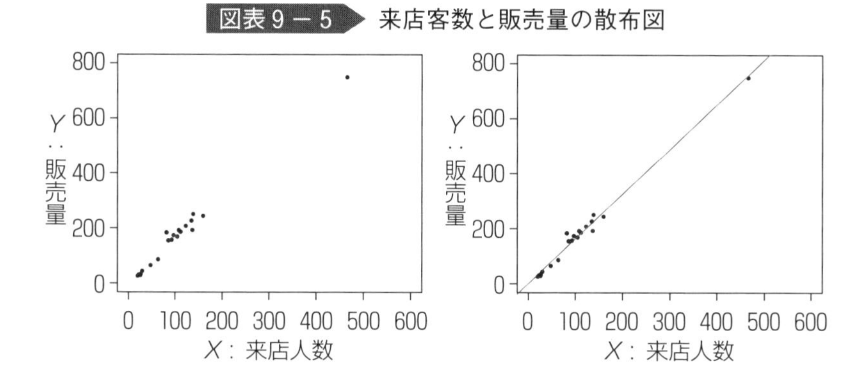

図表9－5（右）のように，ひとまず何らかの基準で直線を1本描こうとする。その切片を b_0，傾きを b_1 とする。X と Y の「直線的」な関係を

$$Y = b_0 + b_1 X \qquad (9-1)$$

に書いたわけである。式(9－1)は販売量(Y)の動きを来店人数(X)の**一次関数**として説明するものである。そのとき，来店人数(X)は**説明変数**もしくは**独立変数**，販売量(Y)は**被説明変数**もしくは**従属変数**と呼ばれる。しかし，図表9－5(右)からわかるように，すべての観察値(X_i, Y_i)が完璧にこの直線上に乗っているわけではないため，販売量(Y)の動きと来店人数(X)の関係を次のように修正する。

$$Y_i = b_0 + b_1 X_i + u_i \qquad (9-2)$$

観測された Y_i を**現実値**，u_i を**誤差**という。誤差は説明変数以外の被説明変数に影響する要素である(例えば，その日の天気状況)。観察値(X_i, Y_i)に対して，何らかの基準で描いた直線の左辺は Y ではなく $\hat{Y}$ と表すことにしよう。この $\hat{Y}$ を観察される「現実値」と区別して「**予測値**」と呼ぶことにする。つまり，標本における各個体について，予測値と現実値の関係は次のように表すことができる。

$$Y_i = \hat{Y}_i + \hat{u}_i \tag{9-3}$$

$\hat{u}_i$は**残差**（residual）と呼ばれ，現実値と予測値の差($\hat{u}_i = Y_i - \hat{Y}_i$)を表すものである。ここに注意してほしいのは，ここに出てきた残差$\hat{u}_i$は，前に出てきた誤差u_iと似ているように見えるが，異なる意味を持っている(回帰分析をはじめて学習する学生がこの2つの意味を間違えることが多い)。残差は実際のデータを用いて推定された回帰式から算出される値と実際のデータとの差を表すものであるのに対して，誤差は説明変数以外の被説明変数に影響する要素である。式(9−3)において，切片b_0と傾きb_1を**パラメータ**と呼ぶ。切片b_0は，説明変数X_iが0のときに被説明変数の予測値$\hat{Y}_i$の値を表し，傾きb_1は説明変数X_iが1単位増加するときに被説明変数の予測値$\hat{Y}_i$の増分を表す。このような式を**回帰モデル**と呼び，説明変数が1つの場合を「**単純回帰モデル**」，2つ以上の場合を「**重回帰モデル**」と呼ぶ。

(2)　最小2乗法

説明変数X_iが説明変数Y_iに与える影響を測るとき，2つの変数の間の適切な直線を引けばよいだろう。すなわち，切片b_0と傾きb_1を適切に推定すればよい。仮に，切片b_0と傾きb_1の推定量を$\hat{b}_0$と$\hat{b}_1$とすれば，被説明変数の予測値$\hat{Y}_i$と説明変数X_iの関係は次のように表すことができる。

$$\hat{Y}_i = \hat{b}_0 + \hat{b}_1 X_i$$

もし描かれた直線が，2つの変数の間の「直線的」な関係をうまく表しているならば，残差は全体として小さいはずである。このように，残差の2乗和が最小になるよう切片と傾きの推定量$\hat{b}_0$と$\hat{b}_1$を求める方法を，**最小2乗法**（OLS）と呼ばれる（残差には正の値と負の値があるため，それを2乗することによって符号を正に揃える)。

3 パラメータの推定

残差の２乗和は $\hat{b}_0$ と $\hat{b}_1$ を用いて,

$$\sum_{i=1}^{n} \hat{u}_i^2 = \sum_{i=1}^{n} (Y_i - \hat{Y}_i)^2 = \sum_{i=1}^{n} = (Y_i - \hat{b}_0 - \hat{b}_1 X_i)^2 = f(\hat{b}_0, \hat{b}_1)$$

と表され，つまり残差の２乗和は切片と傾きの推定量 $\hat{b}_0$ と $\hat{b}_1$ の２変数関数である。したがって，残差の２乗和を最小化するための必要条件（1 階条件）は，$\hat{b}_0$ と $\hat{b}_1$ それぞれで偏微分して０としておけばよい。

$$\frac{\partial \sum_{i=1}^{n} \hat{u}_i^2}{\partial \hat{b}_0} = -2 \sum_{i=1}^{n} (Y_i - \hat{b}_0 - \hat{b}_1 X_i) = -2 \sum_{i=1}^{n} \hat{u}_i = 0 \qquad (9-4)$$

$$\frac{\partial \sum_{i=1}^{n} \hat{u}_i^2}{\partial \hat{b}_1} = -2 \sum_{i=1}^{n} (Y_i - \hat{b}_0 - \hat{b}_1 X_i) X_i = -2 \sum_{i=1}^{n} \hat{u}_i X_i = 0 \qquad (9-5)$$

式(9－4)と(9－5)は，最小二乗直線の誤差の合計は０であることと，誤差と説明変数の共分散は０であることを示している。整理すると，次のような $\hat{b}_0$ と $\hat{b}_1$ を未知数とする連立方程式を得る。

$$\hat{b}_0 + \hat{b}_1 \overline{X} = \overline{Y}$$

$$\hat{b}_0 \sum_{i=1}^{n} X_i + \hat{b}_1 \sum_{i=1}^{n} X_i^2 = \sum_{i=1}^{n} Y_i X_i$$

この連立方程式を最小二乗法における**正規方程式**（normal equation）と呼ぶ。

正規方程式を，切片と傾きの推定量 $\hat{b}_0$ と $\hat{b}_1$ について解くと

$$\hat{b}_1 = \frac{\sum_{i=1}^{n} (X_i - \overline{X})(Y_i - \overline{Y})}{\sum_{i=1}^{n} (X_i - \overline{X})^2}$$

$$\hat{b}_0 = \overline{Y} - \hat{b}_1 \overline{X}$$

を得る（入門段階の学習では，$\hat{b}_0$ と $\hat{b}_1$ の細かな計算式は要求されないが，パラ

メータの推定イメージの理解は必要である）。

4　回帰直線の当てはまりと決定係数

回帰分析を別の見方から見れば，Y_i の中心的な値を単にその標本平均 $\overline{Y}$ とするのではなく，X_i に応じて変化する $\hat{Y}_i = \hat{b}_0 + \hat{b}_1 X_i$ と想定するものと考えることができる。問題は，そうすることによって，Y_i の散らばりが減少するかどうかである。そこで，Y_i の標本平均 $\overline{Y}$ のまわりの変動と，Y_i の推定量 $\hat{Y}_i = \hat{b}_0 + \hat{b}_1 X_i$ のまわりの変動を比較することにしよう。

標本平均 $\overline{Y}$ のまわりの Y_i の変動を**総変動**(total sum of squares，SST)と呼び，それが標本平均 $\overline{Y}$ のまわりの推定量 $\hat{Y}_i$ の変動（**説明される変動**）(explained sum of squares，SSE）と，推定量 $\hat{Y}_i$ のまわりの Y_i の変動（説明されない**残差変動**）(residual sum of squares，SSR）に分解することができる。

$$\sum_{i=1}^{n}(Y_i - \overline{Y})^2 = \sum_{i=1}^{n}(Y_i - \hat{Y}_i + \hat{Y}_i - \overline{Y})^2$$

$$= \sum_{i=1}^{n}(Y_i - \hat{Y}_i)^2 + \sum_{i=1}^{n}(\hat{Y}_i - \overline{Y})^2 + 2\sum_{i=1}^{n}(Y_i - \hat{Y}_i)(\hat{Y}_i - \overline{Y})$$

ここで，$\sum_{i=1}^{n}(Y_i - \hat{Y}_i)(\hat{Y}_i - \overline{Y}) = 0$ であることより，

$$\underbrace{\sum_{i=1}^{n}(Y_i - \overline{Y})^2}_{\text{総変動}\,SST} = \underbrace{\sum_{i=1}^{n}(Y_i - \hat{Y}_i)^2}_{\text{残差変動}\,SSR} + \underbrace{\sum_{i=1}^{n}(\hat{Y}_i - \overline{Y})^2}_{\text{説明される変動}\,SSE}$$

$$1 = \frac{SSR}{SST} + \frac{SSE}{SST}$$

が成り立つ。

私たちは $Y_i - \overline{Y}$ を y_i，$\hat{Y}_i - \overline{Y}$ を $\hat{y}_i$，$Y_i - \hat{Y}$ を e_i に仮定すれば，上記の式は次のように書き換えられる。

図表9－6　変動分解と決定係数

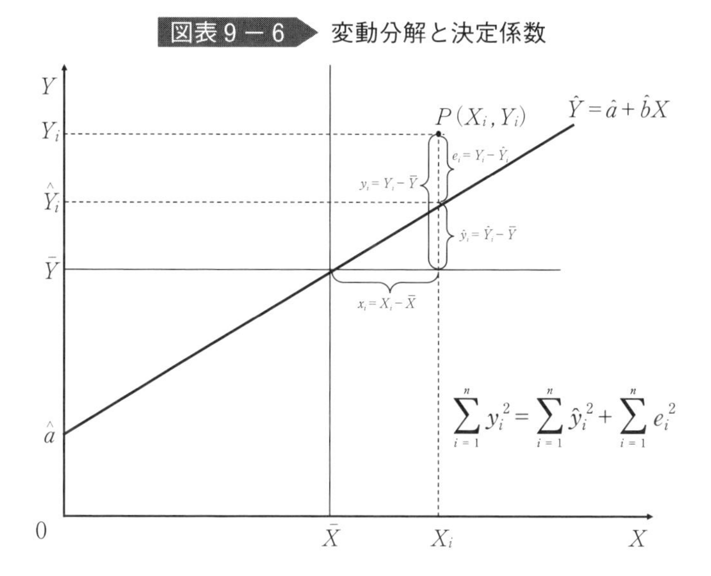

ここで，y_i，$\hat{y}_i$ および e_i の含意は図表9－6に示されている。

総変動のうち回帰直線によって説明される割合（SSE/SST）が大きければ大きいほど回帰直線の当てはまりはよくなる。この比率を**決定係数**（coefficient of determination）と呼び，R^2 と表記する。

$$R^2=\frac{SSE}{SST}=1-\frac{SSR}{SST}, \qquad 0 \le R^2 \le 1$$

標本データがすべて直線上に乗る場合には決定係数 R^2 は1になり，推定された直線の傾きが0の場合，すなわち中心的な値が X とともに変化しない場合に決定係数 R^2 は0となる。

▶気温と冷菓の売上

添付されたデータ Ice.csv を用いて，以下の分析を行いなさい。

1. 気温とアイスクリームの販売量の相関を調べなさい。
2. 気温が 38℃の場合のアイスクリームの販売量を予測しなさい。
3. 気温とかき氷の販売量の相関を調べなさい。
4. 気温が 40℃の場合のかき氷の販売量を予測しなさい。

◆気温とアイスクリームの販売量に対して，相関分析を行おう（R コマンダーを起動し，Ice.csv を読み込む）

ツールバー［統計量］-［要約］-［相関行列］によって開かれたウィンドウ（図表９－７・左）で，［変数（２つ以上選択）］で「気温」と「アイスクリーム」を選択する。このとき，相関のタイプは「ピアソンの積率相関」，ノンパラメトリック密度推定は「欠損値を含まない観測値」がデフォルトで選ばれており，そのまま分析を進め，OK をクリックすると，図表９－７（右）のように結果が出力ウィンドウに出力される。その結果，主対角線（左上から右下へ）の値はすべて１で，「気温」と「アイスクリーム」に対応するセルの数値 0.93…は，気温とアイスクリームの販売量の相関係数である。

図表９－７　R コマンダー：相関行列

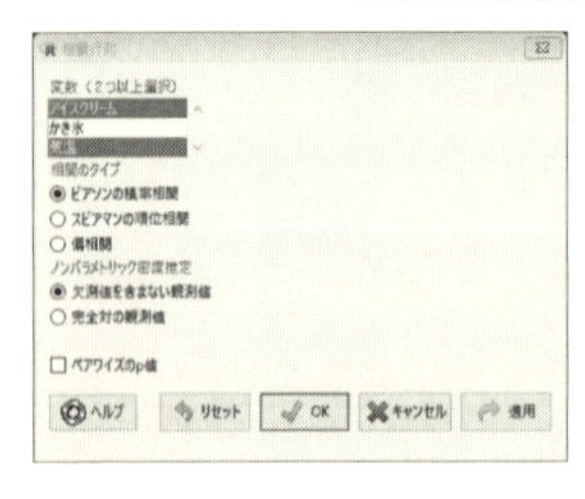

相関分析において，単に相関係数だけの確認は誤解を生みやすいため，散布図も併用する。ツールバー［グラフ］－［散布図］によって開かれたウィンドウ（図表９－８・左）で，［x 変数（1つ選択）］で「気温」，［y 変数（1つ選択）］で「アイスクリーム」を選択する。次に，［オプション］のタブをクリックし，図表９－８（右）のように設定を行う（最新バージョンのＲコマンダーではデフォルトのままで進めばよい）。この手順によって，図表９－９のような散布図を描くことができる。散布図から，気温とアイスクリームの販売量に，右上がりの正の相関関係が見出せる。

図表９－８　Ｒコマンダー：散布図

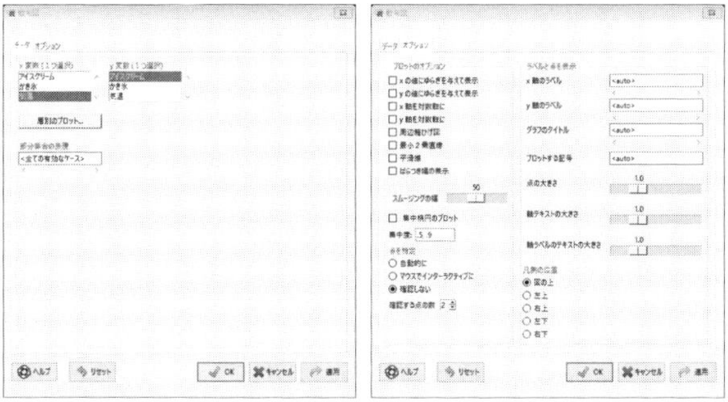

図表９－９　気温とアイスクリームの販売量の散布図

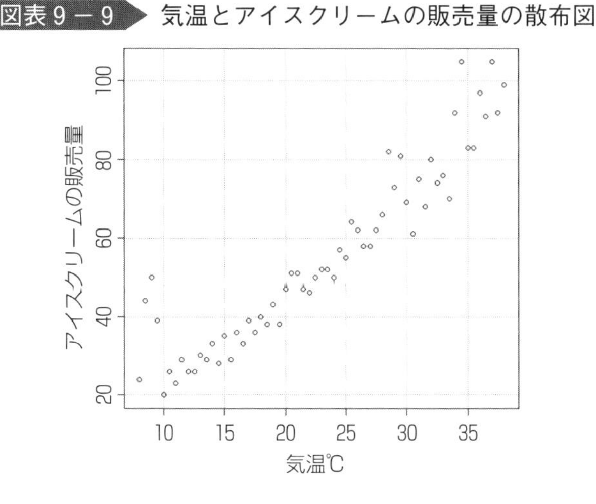

◆気温とアイスクリームに対して，回帰分析を実行してみよう。

ツールバー［統計量］－［モデルへの適合］－［線形回帰］に進むとウィンドウ（図表9－10・上）が現れ，ここでは目的変数に「アイスクリーム」，説明変数に「気温」を選んで，OKをクリックすると，回帰分析が実行される。

図表9－10　気温とアイスクリームの販売量の回帰分析

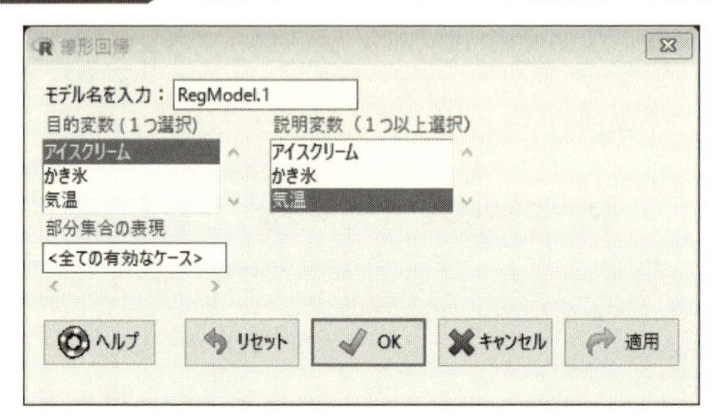

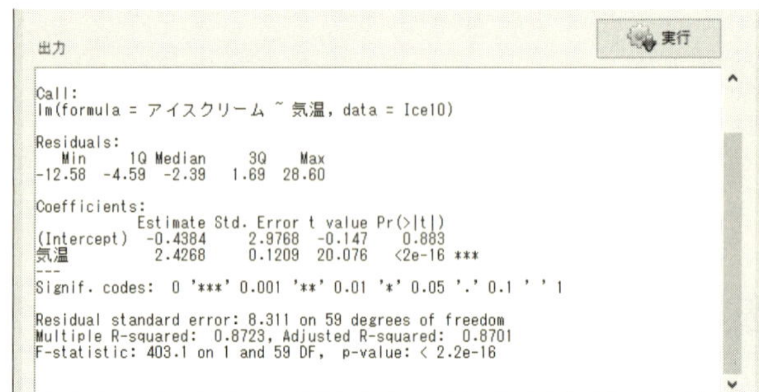


```
Call:
lm(formula = アイスクリーム ~ 気温, data = Ice10)

Residuals:
   Min     1Q Median     3Q    Max
-12.58  -4.59  -2.39   1.69  28.60

Coefficients:
            Estimate Std. Error t value Pr(>|t|)
(Intercept)  -0.4384     2.9768  -0.147    0.883
気温          2.4268     0.1209  20.076   <2e-16 ***
---
Signif. codes:  0 '***' 0.001 '**' 0.01 '*' 0.05 '.' 0.1 ' ' 1

Residual standard error: 8.311 on 59 degrees of freedom
Multiple R-squared:  0.8723, Adjusted R-squared:  0.8701
F-statistic: 403.1 on 1 and 59 DF,  p-value: < 2.2e-16
```

回帰分析の結果は図表9－10（下）に示される。Estimateの列はパラメータの推定値を表し，Interceptは切片の推定値である。つまり，推定された回帰直線は次のように表現できる。

$$\hat{Y}_i = -0.4384 + 2.4268X_i \qquad (9-6)$$

それから，気温が38℃との条件を式(9－6)に代入して計算すると，$\hat{Y}_i=91.78$が得られる。すなわち，気温が38℃の場合，アイスクリームの販売量が約92個であると予測される。

単純回帰分析

本章のポイント

OLS の考え方

- 下の図は回帰直線を示し，$\hat{u}_i = Y_i - \hat{Y}_i$ である（例えば $\hat{u}_1 = Y_1 - \hat{Y}_1$，$\hat{u}_2 = Y_2 - \hat{Y}_2$）。

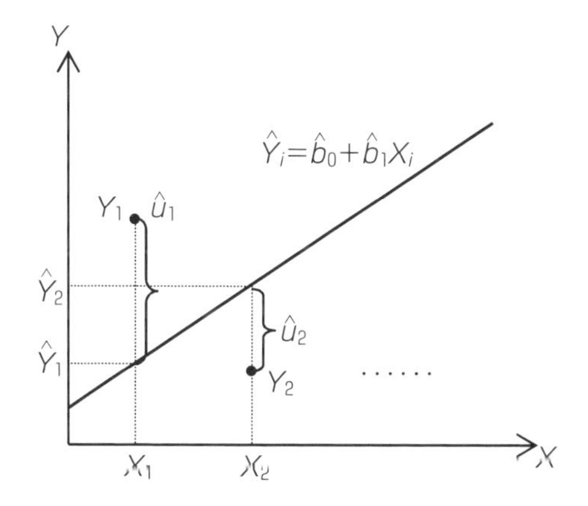

- このとき，$\sum_{i=1}^{n} \hat{u}_i^2$ を最小とするようにパラメータ推定値 $\hat{b}_0$, $\hat{b}_1$ を定めることを **OLS**（普通の**最小2乗法**）という。

不偏推定量

- 推定量が平均的には真の値になることを，**不偏推定量**であるという。
- 例えば，推定パラメータ $\hat{b}_1$ が平均的に b_1 となれば，$\hat{b}_1$ は b_1 の不偏推定量である。式では $E(\hat{b}_1)=b_1$ と表現し，下図をイメージすればよいだろう。

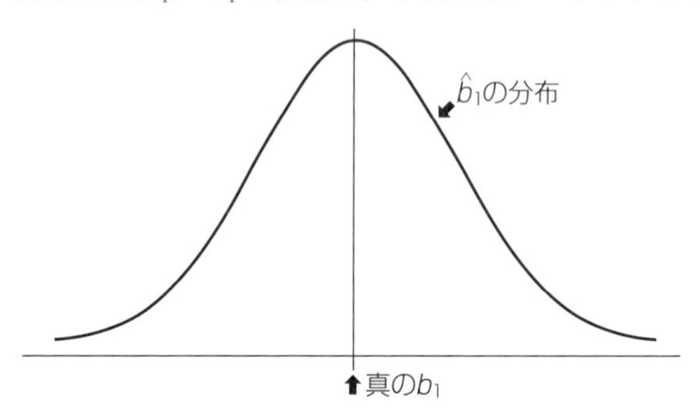

BLUE

- 不偏推定量ではあっても，以下の①，②を比較すると，①のほうが分散が小さい（より正確に予測できる）ことがわかる。
- 不偏推定量の中で最も分散が小さくなるような推定量を最良不偏推定量（Best Linear Unbiased Estimator）と呼び，頭文字をとって **BLUE** という。「最良」とは最小分散の意味である。
- 回帰分析の OLS 推定量は，様々な推定方法の中で BLUE であることが知られている。ただ一定の条件（標準的仮定）を満たせばである。

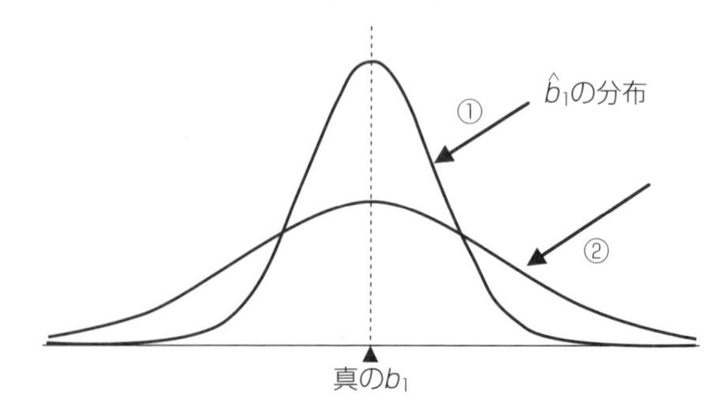

パラメータ推定量の分散

- b_1 および $\hat{b}_1$ は常に注目の的である。$\hat{b}_1$ は平均的には（データを増やしていけば）b_1 に近づくとされる。しかし，$\hat{b}_1$ は（残念ながら）確率変数であって，その分散 $Var(\hat{b}_1)$は以下のようになる。

$$Var(\hat{b}_1)=\frac{\sigma^2}{\sum_{i=1}^{n}(X_i-\overline{X})^2}$$

ただし，σ^2 は誤差項 μ の分散（誤差分散）$Var(u)$である。上式で分子をみると，誤差分散が大きければ $\hat{b}_1$ の分散も大きくなる(確実性が下がる)。一方，分母をみると，独立変数 x のレンジ（幅）が大きいほうが $\hat{b}_1$ の分散が小さくなる（$\hat{b}_1$ はより正確に推定される）ことがわかる。

しかし，u を観測することはできないので，誤差項 u の推定値である残差 $\hat{u}$ を用いて，以下を $\hat{b}_1$ の分散（の推定量）と考える。

$$\widehat{Var(\hat{b}_1)}=\frac{\hat{\sigma}^2}{\sum_{i=1}^{n}(X_i-\overline{X})^2} \text{ ただし，} \hat{\sigma}^2=\frac{1}{n-2}\sum_{i=1}^{n}\hat{u}_i^2 \text{ である。}$$

• Keywords •

- OLS（普通の最小２乗法）
- BLUE（最良不偏推定量）
- パラメータ推定量の分散
- 誤差分散，誤差分散の推定量

考えてみよう！

個人の収入とビールの消費量の関係について，次の簡単な回帰モデルを考える。

$$Y_i = b_0 + b_1 X_i + u_i$$

ここで，Y_i はビールの消費量，X_i は収入（万円）とする。$Y=10$ は1週間に10本の缶ビールを消費することを，$X=20$ は月収が20万円であることを意味する。

データ Beer.csv には，30人の被調査者の収入とビールの消費量に関する情報が含まれる。このデータを用い，ビール消費量を収入で回帰して分析すると，**図表10－1**のような結果が得られた。

図表10－1　回帰分析の推定結果

	係数	標準誤差	t 値	p 値
定数（b_0）	7.926	4.698	1.687	0.103
収入（b_1）	0.278	0.182	1.529	0.137

標本数：30
F 統計量：2.338
決定係数 R^2：0.077

パラメータ b_1 の値は，説明変数（X）が1単位増加したときの被説明変数（Y）の変化量の期待値を表す。ここで，$\hat{b}_1=0.278$ であるため，収入を1万円上げれば，ビールの週間消費量が0.278本増えると期待される。しかし，この推測値は本当に意味のある数値なのか。

第9章では，相関と回帰の違い，および標本データから，ある基準に従って最も適切な回帰直線を見つける方法（最小2乗法）について紹介した。最小2乗法（OLS）は残差2乗和が最小になるようにパラメータを推定する方法である。本章では，このように推定したパラメータの結果についての統計的推論を学ぶ。

1　単純回帰モデル

前章で取り上げたXを来店人数，Yをある商品の販売量の関係について，母集団におけるXとYの関係を考察することから始めよう。ここで，想定されるのは来店人数(X)の増加とともに販売量(Y)が増加するという正の相関関係である。母集団のことをイメージし，私たちは母集団において，顧客の来店人数(X)と商品の販売量(Y)の間に次のような一次関数の関係（線形の関係）があると想定する。

$$Y^e = b_0 + b_1 X \qquad (10-1)$$

式(10－1)を母集団回帰式と呼ぶ。母集団回帰関数においても，販売量(Y)を被説明変数，顧客の来店人数(X)を説明変数と呼ぶ。被説明変数(Y)に上付きの添え字eがついているのは，それが現実に観察される販売量(Y)ではなく，正確に直線$b_0 + b_1X$上の点であることを示している。第9章にも同じような説明があるが，便宜的に，このY^eを「理論値」と呼んでおこう。母集団におけるすべての個体について，「理論値」と「現実値」の間の関係は次のように表される。

$$Y_i = b_0 + b_1X_i + u_i = Y_i^e + u_i, \quad i = 1, \cdots, n$$

ただし，uは確率変数であり，$E(u|X) = 0$の性質を持つと仮定する。$E(u|X)$は**条件付き期待値**を意味し，説明変数(X)が与えられたときの誤差(u)の**期待値**を表している。

つまり，来店人数(X)が同じでも，現実に観察される現実の販売量(Y)は，確率変数uのとる値に応じて理論値(Y^e)より大きいもしくは小さい値をとることもある。ただし，仮定された確率変数uの性質により，来店人数(X)が与えられたとき，uの期待値は0である。回帰式の両辺の条件付き期待値をとれば，

$$E(Y \mid X) = b_0 + b_1X + E(u \mid X) = b_0 + b_1X = Y^e$$

となる。言い換えれば，「理論値」と呼んだ Y^e は X を与えたときの Y の条件付き期待値である。確率変数 u を誤差項または**統計的撹乱項**（stochastic disturbance，以下「撹乱項」とする）と呼び，次の性質を持つ。

$$E(u)=0; \qquad E(uX)=0$$

しかし，母集団について完全に知ることはしばしば困難であるため，よく用いる手法として，母集団から無作為に抽出した標本に基づいて，母集団のことを推定する。私たちはすでに前章において最小2乗法によってパラメータ b_0 と b_1 の推定量 $\hat{b}_0$ と $\hat{b}_1$ を求める方法を学んだ。ここでは，これらの推定量と母集団のパラメータ b_0 と b_1 との関係について考えよう。

標本における各個体について，現実値と予測値の関係は前章で示したように，

$$Y_i=\hat{b}_0+\hat{b}_1X_i+\hat{u}_i=\hat{Y}_i+\hat{u}_i$$

である。この式を，母集団における現実値と理論値の関係

$$Y_i=b_0+b_1X_i+u_i=Y_i^e+u_i, \quad i=1, \cdots, n$$

に比較すれば，残差 $\hat{u}_i$ は母集団回帰式の撹乱項 u_i に対応している。したがって，残差 $\hat{u}_i$ は撹乱項 u_i の重要な性質に対応して，

$$\frac{1}{n}\sum_{i=1}^{n}\hat{u}_i=0$$

$$\frac{1}{n}\sum_{i=1}^{n}\hat{u}_i X_i=0$$

であると考えられる。つまり，残差 $\hat{u}_i$ の標本平均は0，残差と X_i の標本共分散も0である。この関係を回帰式に代入すると，

$$\frac{1}{n}\sum_{i=1}^{n}(Y_i-\hat{b}_0-\hat{b}_1X_i)=0$$

$$\frac{1}{n}\sum_{i=1}^{n} X_i \left(Y_i - \hat{b}_0 - \hat{b}_1 X_i\right) = 0$$

である。整理すると，最小2乗法における正規方程式と同じ，

$$\hat{b}_0 + \hat{b}_1 \overline{X} = \overline{Y}$$

$$\hat{b}_0 \sum_{i=1}^{n} X_i + \hat{b}_1 \sum_{i=1}^{n} X_i^2 = \sum_{i=1}^{n} Y_i X_i$$

を得る。

次節以降はパラメータの推定量の性質を説明する。分析を簡単にするため，母集団回帰式の攪乱項 u_i についていくつかの仮定を設ける。これらの仮定を**標準的仮定**，もしくは**ガウス＝マルコフ**（Gauss-Markov）の仮定と呼ぶ。

仮定1：説明変数 X_i は確率変数でなく，固定された値を持つ。

仮定2：誤差項（攪乱項 u_i）は確率変数で，期待値は0である。

$$E(u_i) = 0,\ i = 1, 2, \cdots, n$$

仮定3：異なった誤差項は独立（無相関）である。

$$Cov(u_i, u_j) = E(u_i u_j) = 0,\ i \neq j,\ i, j = 1, 2, \cdots, n$$

仮定4：誤差項の分散は一定 σ^2 である。

$$V(u_i) = E(u_i^2) = \sigma^2,\ i = 1, 2, \cdots, n$$

仮定5：$n \to \infty$ のとき，$\sum_{i=1}^{n} (X_i - \overline{X})^2 \to \infty$

仮定6：$u_i \sim N(0, \sigma^2),\ i = 1, 2, \cdots, n$

2 パラメータ推定量の性質

本節においては，パラメータ推定量の性質を考えることにする。第9章のOLS法を用いたパラメータの推定より，最小2乗推定量 $\hat{b}_0$ と $\hat{b}_1$ は次のようになる。

$$\hat{b}_1 = \frac{\sum_{i=1}^{n}(X_i - \overline{X})(Y_i - \overline{Y})}{\sum_{i=1}^{n}(X_i - \overline{X})^2} \tag{10-2}$$

$$\hat{b}_0 = \overline{Y} - \hat{b}_1\overline{X} \tag{10-3}$$

ここで，まず $(Y_i - \overline{Y})$ の表現を導くために，回帰モデルの両辺の標本平均を求める。

$$\overline{Y} = b_0 + b_1\overline{X} + \overline{u}$$
$$Y_i - \overline{Y} = b_0 + b_1X_i + u_i - (b_0 + b_1\overline{X} + \overline{u}) = b_1(X_i - \overline{X}) + u_i - \overline{u}$$

この表現を式(10-2)に代入すると，$\hat{b}_1$ は次のように表すことができる。

$$\hat{b}_1 = \frac{\sum_{i=1}^{n}(X_i - \overline{X})(b_1(X_i - \overline{X}) + u_i - \overline{u})}{\sum_{i=1}^{n}(X_i - \overline{X})^2} = b_1 + \frac{\sum_{i=1}^{n}(X_i - \overline{X})(u_i - \overline{u})}{\sum_{i=1}^{n}(X_i - \overline{X})^2}$$
$$= b_1 + \frac{\sum_{i=1}^{n}(X_i - \overline{X})u_i}{\sum_{i=1}^{n}(X_i - \overline{X})^2}$$

同様に，$\hat{b}_0$ は次のような結果が得られる。

$$\hat{b}_0 = \overline{Y} - \hat{b}_1\overline{X} = b_0 - (\hat{b}_1 - b_1)\overline{X} + \overline{u}$$

このように，$\hat{b}_0$ と $\hat{b}_1$ を撹乱項 u_i や $\overline{u}$ の関数として表現したものを，$\hat{b}_0$ と $\hat{b}_1$ の**確率的表現**と呼ぶ。

大学の統計学の授業では，**推定量**と**推定値**を間違えた学生が多数いる。統計的推論にあたっては，推定量と推定値の概念を明確に区別する必要がある。推定量は計算メカニズムを意味する。より明示的には，上で示されたように確率

変数 u_i の関数である。したがって，$\hat{b}_0$ と $\hat{b}_1$ はともに確率変数で，推定量と呼ぶ。一方推定値とは推定量としての計算メカニズムに具体的観測値を代入して計算した数値である。

(1) $\hat{b}_0$ と $\hat{b}_1$ の期待値

$\hat{b}_0$ と $\hat{b}_1$ の確率的表現を用いて，まず推定量 $\hat{b}_0$ と $\hat{b}_1$ の期待値を求めてみよう。

まず $\hat{b}_1$ の期待値は，パラメータ b_1 が定数で，X_i と $\overline{X}$ が非確率変数である標準的仮定より，次のように求めることができる。

$$E(\hat{b}_1) = E(b_1) + E\left(\frac{\sum_{i=1}^{n}(X_i - \overline{X})u_i}{\sum_{i=1}^{n}(X_i - \overline{X})^2}\right) = b_1 + \frac{\sum_{i=1}^{n}(X_i - \overline{X})E(u_i)}{\sum_{i=1}^{n}(X_i - \overline{X})^2}$$

さらに，標準的仮定の仮定2より，$E(u_i) = 0$ であるため，次のような結果を得る。

$$E(\hat{b}_1) = b_1$$

すなわち，$\hat{b}_1$ は b_1 の**不偏推定量**である。同様に，$\hat{b}_0$ の期待値は，以下のように与えられる。つまり，$\hat{b}_0$ も b_0 の不偏推定量であるということがわかる。

$$E(\hat{b}_0) = b_0 - E(\hat{b}_1 - b_1)\overline{X} + E(\overline{u}) = b_0 - 0 \cdot \overline{X} + 0 = b_0$$

注：確率論において，確率変数 θ の推定量 $\hat{\theta}$ の期待値は θ と等しいとき，

$$E(\hat{\theta}) = \theta$$

$\hat{\theta}$ は θ の不偏推定量と呼ばれる（第4章ですでに学んだ）。

(2)　$\hat{b}_0$と$\hat{b}_1$の分散と共分散（やや難しい内容）

次に，推定量$\hat{b}_0$と$\hat{b}_1$の分散を求めてみよう。$\hat{b}_1$はb_1の不偏推定量であるため，$\hat{b}_1$の分散($\sigma_{\hat{b}_1}^2$と書く)は，次のように計算できる。

$$\sigma_{\hat{b}_1}^2 = V(\hat{b}_1) = E(\hat{b}_1 - b_1)^2 = E\left(\frac{\sum_{i=1}^n (X_i - \overline{X})u_i}{\sum_{i=1}^n (X_i - \overline{X})^2}\right)^2$$

$$= \frac{1}{\{\sum_{i=1}^n (X_i - \overline{X})^2\}^2} E\left\{\sum_i \sum_j u_i u_j (X_i - \overline{X})(X_j - \overline{X})\right\}$$

$$= \frac{1}{\{\sum_{i=1}^n (X_i - \overline{X})^2\}^2} \sum_i \sum_j E(u_i u_j)(X_i - \overline{X})(X_j - \overline{X})$$

標準的仮定の仮定3，4を用いると，$\sigma_{\hat{b}_1}^2$は次のように表現することができる。

$$\sigma_{\hat{b}_1}^2 = V(\hat{b}_1) = \frac{1}{\{\sum_{i=1}^n (X_i - \overline{X})^2\}^2} \sum_i \sigma^2 (X_i - \overline{X})^2 = \frac{\sigma^2}{\{\sum_{i=1}^n (X_i - \overline{X})^2\}^2}$$

$\hat{b}_1$の分散表現から見ると，分子は誤差項の分散を，分母はX_iの偏差の2乗和を示している。誤差項の分散が大きいほど，パラメータb_1の推定結果が大きく変動する。また，説明変数の標本が，標本平均からの散らばりが大きくなるほど，b_1の推定値が安定になる。つまり，誤差分散は小さく，説明変数の標本は標本平均よりばらつくほど，パラメータの推定結果が有効になる。

一方，$\hat{b}_0$の分散($\sigma_{\hat{b}_0}^2$と書く)についても，次のように表現できる。

$$\sigma_{\hat{b}_0}^2 = V(\hat{b}_0) = E(\hat{b}_0 - b_0)^2 = E\left\{-(\hat{b}_1 - b_1)\overline{X} + \overline{u}\right\}^2$$

$$= E\left\{(\hat{b}_1 - b_1)^2 \overline{X}^2 - 2(\hat{b}_1 - b_1)\overline{X}\overline{u} + \overline{u}^2\right\}$$

第1項はすぐ$V(\hat{b}_1)\overline{X}^2$であることがわかる。第3項は$u_i$の標本平均の分散であるため，$\sigma^2/n$に等しい。第2項はやや難しいが，それを以下のように計算する。

$$E\left\{(\hat{b}_1-b_1)\overline{X}\overline{u}\right\}=E\left\{\frac{\sum_{i=1}^{n}(X_i-\overline{X})u_i}{\sum_{i=1}^{n}(X_i-\overline{X})^2}\cdot\frac{1}{n}\sum_{i=1}^{n}u_i\right\}$$

$$=\frac{1}{n\sum_{i=1}^{n}(X_i-\overline{X})^2}E\left(\sum_i(X_i-\overline{X})u_i\ \sum_j u_i\right)$$

$$=\frac{1}{n\sum_{i=1}^{n}(X_i-\overline{X})^2}\sum_i\sum_j(X_i-\overline{X})\ \ E(u_i\,u_j)$$

$$=\frac{1}{n\sum_{i=1}^{n}(X_i-\overline{X})^2}\sum_i(X_i-\overline{X})\sigma^2$$

この式では $\sum(X_i-\overline{X})=0$ のため，結局第2項は無視できる。すなわち，$\hat{b}_0$ の分散（$\sigma_{\hat{b}_0}^2$）は以下のように書き換える。

$$\sigma_{\hat{b}_0}^2=V(\hat{b}_0)=\sigma^2\left\{\frac{\overline{X}^2}{\sum_{i=1}^{n}(X_i-\overline{X})^2}+\frac{1}{n}\right\}=\frac{\sigma^2\sum_{i=1}^{n}X_i^2}{n\sum_{i=1}^{n}(X_i-\overline{X})^2}$$

さらに，$\hat{b}_0$ と $\hat{b}_1$ の共分散は，次のように求められる。

$$Cov(\hat{b}_0,\hat{b}_1)=E\left\{(\hat{b}_0-b_0)(\hat{b}_1-b_1)\right\}=E\left\{[-(\hat{b}_1-b_1)\ \overline{X}+\overline{u}\ ](\hat{b}_1-b_1)\right\}$$

$$=-E(\hat{b}_1-b_1)^2\overline{X}+E\left\{\overline{u}(\hat{b}_1-b_1)\right\}=-\frac{\sigma^2\overline{X}}{\sum_{i=1}^{n}(X_i-\overline{X})^2}$$

3　最良線形不偏推定量（BLUE）

最小2乗推定量 $\hat{b}_0$ と $\hat{b}_1$ は，線形不偏推定量の中で最も分散の小さく，つまり**最良線形不偏推定量**（best linear unbiased estimator, BLUE）であることが知られている。これを**ガウス＝マルコフの定理**と呼ぶ。

ガウス＝マルコフの定理：標準的仮定の仮定1から仮定4のもとで，最小2乗推定量 $\hat{b}_0$ と $\hat{b}_1$ は最良線形不偏推定量（**BLUE**）である。

ガウス＝マルコフの定理により，最小2乗推定量は望ましい性質を持っていることがわかる。なお，任意の不偏推定量の中で最小の分散を持つ推定量は**有効推定量**（efficient estimator）と呼ばれる。もちろん，誤差項に正規分布を仮定すると，最小２乗推定量は有効推定量である（羽森茂之著『ベーシック計量経済学』中央経済社，2009年）。

（注）最小２乗推定量は最良線形不偏推定量（BLUE）であることの証明はやや難しいが，興味がある方は，山本拓の『計量経済学』（新世社，1995年）を参考にしてください。

4　パラメータの評価：*t* 検定

顧客の来店人数と商品の販売量の例に関して，以下は最小２乗法を用いたパラメータの推定結果となる。推定結果によって，以下のようなパラメータ推定値と回帰式が得られた。

$$\hat{b}_0 = 1.27,\ \hat{b}_1 = 1.62$$
$$\hat{Y}_i = 1.27 + 1.62X_i$$

以上の推定結果は，来店客数が１人増えると販売量が1.62単位増加すると予測されること（傾き b_1），来店客数が０人の場合の販売量は1.27（切片 b_0）であることを示している。

しかし，来店客数がいない場合も，販売量は1.27であることはおかしいだろう。もう少し統計的な考え方で表現すると，標本を用いた推定結果は本当の母集団のパラメータを説明できるのか。

標本に基づく統計的推定では，パラメータの推定値を求めても，その値は母集団の真のパラメータとは違う場合が多く存在する。それは統計的検定の出発点である。つまり，たまたま非ゼロのパラメータの推定値が得られても，母集団ではゼロであることもあり得る。そのため，パラメータの推定結果の**有意性**を評価する必要がある。

ここでは，実際のデータ分析における統計的仮説検定の最もよく用いられる t 検定について説明する。

例えば，来店客数の増減は本当に販売量の影響を与えるのか。

以下の回帰モデルでは，顧客の来店人数(X)を原因とし，商品の販売量(Y)を結果とする関係を規定している。

$$Y_i = b_0 + b_1 X_i + u_i$$

この因果関係が成り立つためには，来店人数の回帰係数 b_1 が0ではないことが前提とされる。もし，母集団における真のパラメータ b_1 が0であるなら，来店人数は商品販売量の動きの原因にならないことを意味する。つまり，その関係は以下である。

$$Y_i = b_0 + u_i$$

実際に仮説検定を行うときに，係数パラメータの帰無仮説として0を想定することが多い。今回の例では，統計的仮説を次のように作れる。

帰無仮説 H_0：来店客数の増減は販売量に影響を与えない（$b_1 = 0$）

対立仮説 H_1：来店客数の増減は販売量に影響を与える（$b_1 \neq 0$）

統計的仮説検定の手順にしたがって，帰無仮説のもとで得られた検定統計量の実現確率（**有意確率，*p* 値**）が有意水準よりも小さいとき，標本を用いた推定結果は有意と言える。

個別パラメータの有意性を評価するときの検定統計量として，***t* 値**が最もよく用いられる。t 値は計算式

$$t_{\hat{b}_1} = \frac{\hat{b}_1 - b_1}{\mathrm{SE}(\hat{b}_1)}$$

から得られる。$\mathrm{SE}(\hat{b}_1)$ はパラメータ推定量 $\hat{b}_1$ の標準偏差の推定量であり，$\hat{b}_1$ の**標準誤差**（standard error）と呼ばれる。統計ソフトでは，標準誤差をStd.Err，またはSEと表記することが多い。

帰無仮説では，来店客数の増減は販売量に影響を与えないことを仮定したため，真の係数パラメータ $b_1 = 0$ となる。つまり，検定統計量 t 値は次式のように書き換える。統計ソフトが出力する t 統計量または t 値はその値を示している。

$$t_{\hat{b}_1}=\frac{\hat{b}_1}{SE(\hat{b}_1)}$$

こうして求めた検定統計量 t 値は，自由度 $n-k$ の t 分布にしたがう。ただし，n は標本の大きさ，k はパラメータの数である。

図表 10 − 2　回帰分析の推定結果

	Coef.（係数）	Std.Err（標準誤差）	t-value（t 値）	Pr（> |t|）（p 値）
定数	1.27	6.22	0.20	0.841
来店人数	1.62	0.04	36.47	0.000
標本数	20			
F-statistic（F 統計量）	1330 ***			
R-squared（決定係数）	0.99			

図表 10 − 2 により，今回の例では，$t_{\hat{b}_1}=36.47$，その値の有意確率は自由度 $=18$ の t 分布において十分小さいため(<0.05)，帰無仮説は棄却できる。t 検定では，自由度と有意水準に応じた t 値を t 分布表から調べるわけであるが，実際にデータ分析を行うときに，いちいち表を調べるのが大変であるため，通常計算された t 値の絶対値が 2.0 以上かどうかで判断できる。これは，標本の数が十分多い時（通常 $n \geq 30$），t 分布は標準正規分布に収束するといった特徴を使用するわけである。ただし，標本の数が小さいときには，この便法は使えない。

この手順にしたがって，切片パラメータ b_0 の推定値の統計的仮説検定も同様に行える。図表 10 − 2 では，$b_0 = 0$ という帰無仮説が棄却されていないことを示している。

▶フルーツの支出

Fruit.csv は，「家計調査結果」（総務省統計局）に基づく，都道府県庁所在市及び政令指定都市（52都市）別の，2人以上の世帯当たりのフルーツの年間支出金額データである。このデータを用いて，以下の分析を行いなさい。

1. キウイフルーツとグレープフルーツの家系支出額の相関係数を調べなさい。
2. キウイフルーツの支出額をグレープフルーツの支出額で回帰分析し，その分析結果を解釈しなさい。また，グレープフルーツの支出額が500円の都市の世帯のキウイフルーツの支出額を推定しなさい。
3. 演習1と2の分析から，単純回帰における相関係数と決定係数の関係を議論しなさい。
4. 演習2を参考し，キウイフルーツの支出額をぶどうの支出額で回帰分析し，その分析結果を解釈しなさい。

◆キウイフルーツとグレープフルーツの支出額に対して，回帰分析を行おう（R コマンダーを起動し，Fruit.csv を読み込む）

ツールバー［統計量］－［モデルへの適合］－［線形回帰］に進むとウィンドウ（図表10－3・上）が現れ，ここでは目的変数に「キウイフルーツ」，説明変数に「グレープフルーツ」を選んで，OK をクリックすると，回帰分析が実行される。

図表10－3　キウイフルーツとグレープフルーツの支出額の回帰分析

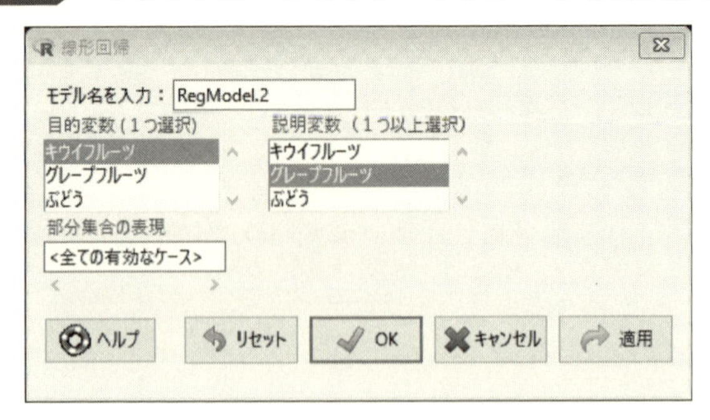

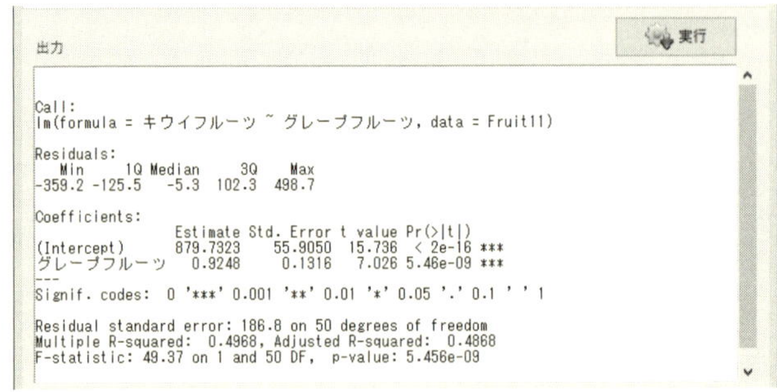

```
出力

Call:
lm(formula = キウイフルーツ ~ グレープフルーツ, data = Fruit11)

Residuals:
   Min     1Q Median     3Q    Max
-359.2 -125.5   -5.3  102.3  498.7

Coefficients:
                 Estimate Std. Error t value Pr(>|t|)
(Intercept)      879.7323    55.9050  15.736  < 2e-16 ***
グレープフルーツ   0.9248     0.1316   7.026 5.46e-09 ***
---
Signif. codes:  0 '***' 0.001 '**' 0.01 '*' 0.05 '.' 0.1 ' ' 1

Residual standard error: 186.8 on 50 degrees of freedom
Multiple R-squared:  0.4968, Adjusted R-squared:  0.4868
F-statistic: 49.37 on 1 and 50 DF,  p-value: 5.456e-09
```

回帰分析の結果は図表10－3（下）に示される。Estimate，Std.Error，t-value，Pr(> |*t*|)の列はそれぞれパラメータの推定値，標準誤差，検定統計量*t*値，および検定統計量の有意確率を表し，推定された回帰直線は次のように表現できる。

$$\hat{Y}_i = 879.732 + 0.925X_i \qquad (10-4)$$

グレープフルーツのパラメータ推定値は879.7323で，検定統計量*t*値は15.736になり，有意確率は1%よりも小さいため，有意水準1%で有意である。

決定係数は0.4968である。すなわち，キウイフルーツの支出額の変動の約49.7%をグレープフルーツの支出額の変動で説明できる。

グレープフルーツの支出額が500円との条件を式(10－4)に代入して計算すると，キウイフルーツの支出額は約1,342円と推定できる。

第11章 重回帰モデル

本章のポイント

重回帰分析

- **重回帰分析**は以下のようなケースで用いる。通常，従属変数が単一の独立変数だけに依存する状況は稀有である。Y が X_1, X_2 の2つの独立変数によって説明できると考えられるならばモデル1，Y が X_1, X_2, X_3 の3つの独立変数によって説明できると考えるときはモデル2のように定式化する。

  $Y_i = b_0 + b_1 X_{1i} + b_2 X_{2i} + u_i$ （モデル1：独立変数が2つあるケース）

  $Y_i = b_0 + b_1 X_{1i} + b_2 X_{2i} + b_3 X_{3i} + u_i$（モデル2：独立変数が3つあるケース）

- 上記の通り，複数の独立変数を X_1, X_2, ‥‥ と添え字の番号で区別するが，従属変数 Y，誤差項 u，そしてサンプル数が n であれば，$i=1, 2, \cdots\cdots, n$ となることは単回帰分析と同じである。

重回帰分析パラメータの意味

- パラメータの意味は単回帰のケースと異なるので注意が必要である。モデル1に即して b_1 の意味を言えば，「X_1 が1単位増加したときの Y の変化，ただし X_2 が一定の場合」となる。この「ただし」以下が重要である。モデル2に即して b_2 の意味を言えば，「X_2 が1単位増加したときの Y の変化，ただし X_1 および X_3 が一定の場合」となる。回帰式に含まれる他の独立変数を一定と仮定する（制御している）点が重要である。

自由度修正済み決定係数

- 決定係数が以下の計算式で表されることは単回帰分析の場合と同じである。ただ，独立変数の数が多くなると R^2 も大きくなる（1 に近づく）。

$$R^2 = 1 - \frac{\sum_{i=1}^{n} \hat{u}_i^2}{\sum_{i=1}^{n} (Y_i - \overline{Y})^2}$$

これを修正するために，通常は**自由度修正済み決定係数** $\overline{R}^2$（$R^2\ adj$ とも書く）を用いる。1 から引かれる部分の分子・分母をそれぞれの自由度で割って計算する。独立変数の数が増えると値は小さくなることがわかる。

$$\overline{R}^2 = 1 - \frac{\sum_{i=1}^{n} \hat{u}_i^2 \Big/ (n-k-1)}{\sum_{i=1}^{n} (Y_i - \overline{Y})^2 \Big/ (n-1)}$$

ただし，k は独立変数（説明変数）の数である。上記のモデル 1 なら 2，モデル 2 なら 3 となる。

推定パラメータの統計的有意性

- 回帰分析では，推定パラメータに意味があるかどうか（0 でないかどうか）を統計的に確認することが必要になる。このために次のような検定を行う。

帰無仮説 $H_0 : b_1 = 0$（X_1 に関するパラメータ）を考える。

単回帰のときと同様，$\hat{b}_1$ の分散 $Var(\hat{b}_1)$ は誤差分散 σ^2 が小さいほど小さく，$\hat{b}_1$ の推定は正確になる。また，X_1 のデータ範囲が広いほど $Var(\hat{b}_1)$ も小さくなる。

- $Var(\hat{b}_1)$ のルートを $SE(\hat{b}_1)$ とすると，H_0 のもとで $\frac{\hat{b}_1}{SE(\hat{b}_1)} \sim N(0,\ 1)$ となる。しかし $SE(\hat{b}_1)$ は未知の誤差分散 σ^2 の関数となるため，観測できない。
- σ^2 の推定値 $\hat{\sigma}^2 = \frac{1}{n-k-1}\sum_{i=1}^{n}\hat{u}_i^2$ を用いると，$\frac{\hat{b}_1}{SE(\hat{b}_1)} \sim t(n-k-1)$ となる。つまり，$\hat{b}/\hat{SE}$ は標準正規分布ではなく，自由度 k の t 分布にしたがう。
- 帰無仮説：$b_1=0$ に対して，t 値（t 統計量）を計算し，対応する p 値が十分に小さければ（$p < 0.05$ など），帰無仮説 $b_1=0$ を棄却し，$b_1 \neq 0$ と結論する。上記の場合，「有意水準 5%で帰無仮説を棄却する」という（$p < 0.01$ なら有意水準 1%である）。
- p 値が大きい場合は，「帰無仮説を棄却するための十分な証拠はない」ので帰無仮説を“受容する”。このとき，「帰無仮説が正しいと証明されたわけではない」ことに留意しなくてはならない。
- 以上の議論は，帰無仮説が $b_2=0$ のときも，添え字の 1 を 2 に変更するだけで同様に成り立つ。

重回帰分析の F 値

- 帰無仮説：$b_1=b_2=0$　　　（モデル 1 のケース）

  $b_1=b_2=b_3=0$　　（モデル 2 のケース）

  として **F 検定**を実行する。この結果，F 統計量に対応する p 値が十分に小さければ（$p < 0.05$ など）上記の帰無仮説を棄却し，いずれかのパラメータは 0 でないので，「実行した回帰分析には意味がある」と解釈する。F 検定では F 値（F 統計量）を計算する。F 分布の自由度は 2 つあり，分子の自由度は帰無仮説の等号の数（制約の数），分母の自由度は $n-k-1$ となる。それぞれの自由度を $df1$, $df2$ と表記し，F（$df1$, $df2$）によって F 分布を表す。

BLUEの前提

- 回帰分析でOLS推定量が**BLUE**となる条件は以下となる。具体的に説明するために，以下のモデルに即して説明する。

  $Y_i = b_0 + b_1 X_{1i} + b_2 X_{2i} + b_3 X_{3i} + u_i$　（独立変数が3つあるケース）

  ただし，重回帰の独立変数がいくつあっても，単純回帰でも同様である。

  ①　モデルはパラメータと誤差項に関して線形の関係である。

  ②　u_iの平均は0である。

  ③　u_iはいずれの説明変数（独立変数）とも関係していない(独立である)。

  ④　u_iとu_j（$i \neq j$）は無相関(独立)である。

  ⑤　u_iの分散は一定である。

  ⑥　X_1, X_2, X_3は一次独立である。

  ⑦　u_iの分布は正規分布である（Optional)。

- ①は独立変数が線形であることまで必要としない。②はモデルの性質上，自動的に満たされる。③は不偏推定量となるために必要である。重要な独立変数が除外されている場合は，この前提を満たさない。④は「**系列相関**がない」と表現し，推定パラメータの分散が最小となるために必要である。⑤は「**分散均一**」と表現し，推定パラメータの分散が最小となるために必要である(この前提に違反しているケースは「**分散不均一**」という)。⑥は推定パラメータが計算できるために必要である。違反しているケースは「完全な**多重共線性**」(独立変数が一次従属の関係にある)という。⑦はサンプル数が多いケースでは必ずしも必要ではないが，仮定することが多い。

• Keywords •

- 重回帰分析，重回帰モデル，制御（コントロール）
- BLUE（最良不偏推定量）
- 重要な独立変数の除外，系列相関，分散均一，分散不均一
- （完全な）多重共線性，一次独立，一次従属

第 10 章に挙げられた収入とビールの消費量の例をもう一度考えよう。通常では，ビールの消費量は，個人の収入程度だけで決められるとは限らない。例えば，収入の程度が同じでも，男性は女性よりもビールの消費量が多いと考えられるかもしれない。そのため，収入がビールの消費量に与える影響を，$Y_i = b_0 + b_1 X_i + u_i$ のような単純回帰モデルで分析を行えば，間違った結果が得られる可能性が高い。

その場合，個人の収入とビールの消費量の関係を測るとき，性別による影響をコントロールする必要があると考えられる。この関係を，これまで習った回帰分析の考え方で，どのように表現すればよいのか。

第 9，10 章では，説明変数が 1 つのみの場合の回帰モデルについて説明した。しかし，実際のマーケティング分析において，注目する結果が複数の要素から影響を受ける場合が多いだろう。例えば，ある製品の販売結果はマーケティング・ミックス（4P）に影響されると考えられる。その場合，商品の販売結果が価格だけで決まると考えたり，プロモーション方法だけで決まると考えたりしては，いずれも必要な要因を省いたことによって，分析結果が正しくならないことになる。本章では，説明変数が 1 つから k 個ある場合に拡張したときの回帰モデルについて紹介したい。このように説明変数が 2 つ以上ある場合の分析を**重回帰分析**（multiple regression analysis）と呼び，用いられるモデルを重回帰モデルと呼ぶ。

1　重回帰モデルの表記

$k+1$ 個の変数 $Y, X_1, \cdots, X_k$ について，n 個の観測値

説明変数の数（k 個の説明変数）

標本の数（n 個の標本）

$$
\left\{
\begin{array}{ccccc}
Y_1 & X_{11} & X_{12} & \cdots & X_{1k} \\
Y_2 & X_{21} & X_{22} & \cdots & X_{2k} \\
\vdots & \vdots & \vdots & \vdots & \vdots \\
Y_i & X_{i1} & X_{i2} & \cdots & X_{ik} \\
\vdots & \vdots & \vdots & \vdots & \vdots \\
Y_n & X_{n1} & X_{n2} & \cdots & X_{nk}
\end{array}
\right.
$$

について，

$$Y_i = b_0 + b_1 X_{i1} + b_2 X_{i2} + \cdots + b_k X_{ik} + u_i, \quad i = 1, \cdots, n;\ k+1 \leq n$$

と表そう。この式は $k+1$ 次元空間の超平面(*)を表している。ここで，$b_0, b_1, \cdots, b_k$ は未知パラメータ，$X_{i1}, X_{i2}, \cdots, X_{ik}$ は非確率変数である説明変数，u_i は誤差項である。u_i に関しては，第10章に紹介した標準的仮定により，$E(u_i) = 0$，$V(u_i) = \sigma^2$，$E(u_i u_j) = 0$ $(i \neq j)$を仮定する。

いま，何らかの基準で Y_i の予測値を定めようとする。未知パラメータ $b_0, b_1, \cdots, b_k$ に対する推定量を $\hat{b}_0, \hat{b}_1, \cdots, \hat{b}_k$ で表す。このとき，回帰モデルは次のように表すことができる。

$$Y_i = \hat{b}_0 + \hat{b}_1 X_{i1} + \hat{b}_2 X_{i2} + \cdots + \hat{b}_k X_{ik} + \hat{u}_i = \hat{Y}_i + \hat{u}_i$$

ここで，残差 $\hat{u}_i$ は $Y_i - (\hat{b}_0 + \hat{b}_1 X_{i1} + \hat{b}_2 X_{i2} + \cdots + \hat{b}_k X_{ik})$と表現される。

最小2乗法は，それからの残差の2乗和 $SSR = \sum_{i=1}^{n} \hat{u}_i^2$ が最小になるような超平面を求めようというものである。最小にすべき残差2乗和は

$$SSR = \sum_{i=1}^{n} \hat{u}_i^2 = \sum_{i=1}^{n} (Y_i - \hat{b}_0 - \hat{b}_1 X_{i1} - \cdots - \hat{b}_k X_{ik})^2$$

である。上の式の最小化のための 1 階条件として，各パラメータで微分して 0 におくと，

$$\frac{\partial SSR}{\partial \hat{b}_0} = \sum_{i=1}^{n} -2(Y_i - \hat{b}_0 - \hat{b}_1 X_{i1} - \cdots - \hat{b}_k X_{ik}) = 0$$

$$\frac{\partial SSR}{\partial \hat{b}_1} = \sum_{i=1}^{n} -2X_{i1}(Y_i - \hat{b}_0 - \hat{b}_1 X_{i1} - \cdots - \hat{b}_k X_{ik}) = 0$$

$$\vdots$$

$$\frac{\partial SSR}{\partial \hat{b}_k} = \sum_{i=1}^{n} -2X_{ik}(Y_i - \hat{b}_0 - \hat{b}_1 X_{i1} - \cdots - \hat{b}_k X_{ik}) = 0$$

を得る。この結果を整理して解くと，最小 2 乗推定量 $\hat{b}_0, \hat{b}_1, \cdots, \hat{b}_k$ が求まる。

(*)　2 次元（1 つの被説明変数と 1 つの説明変数）で構成される 2 次元平面で，被説明変数と説明変数の関係を線で表せる。3 次元（1 つの被説明変数と 2 つの説明変数）で構成される 3 次元空間で，被説明変数と説明変数の関係を平面で表せる。4 次元以上（1 つの被説明変数と 3 つ以上の説明変数）で構成される多次元空間で，被説明変数と説明変数の関係が超平面と呼ばれる。

2　重回帰モデルのパラメータの推定量

重回帰モデルでは，説明変数が複数あるため，その係数（パラメータ）推定値の意味は直観に理解しにくいかもしれない。偏相関のイメージと近いが，重回帰モデルにおける係数推定値は，モデルに含まれる他の変数の影響をコントロールした後での，被説明変数と当該変数との単純回帰係数と等しい。そのため，本章「考えてみよう！」のビール消費量の例では，以下のような重回帰モデルで表現すればよいであろう。

$$Y_i = b_0 + b_1 X_{i1} + b_2 X_{i2} + u_i$$

ただし，Y をビールの消費量，X_1 を収入，X_2 を性別とする。

簡単な言葉で表現すると，線形重回帰モデルにおいて推定された係数推定値 $\hat{b}_j$, $j=1, \cdots, k$ は，他の説明変数が一定のもとで，説明変数 X_{ij} が1単位増加するときの説明変数の予測値 $\hat{Y}_i$ の増分を表している。例えば，体重が身長と胸囲に影響されると仮定し，以下の回帰式において，

$$Y_i=\beta_0+\beta_1 X_{i1}+\beta_2 X_{i2}+\varepsilon_i$$

Y を体重とし，X_1 を身長，X_2 を胸囲とする。ε は誤差項で，例えば親の遺伝子である。HWC.csv を用いて，図表11－1の分析結果が得られた。

図表11－1 回帰分析の推定結果

	Coef.	Std.Err	t-value	Pr（> |t|）	
切片	－107.70	15.93	－6.76	0.000	***
身長	0.63	0.15	4.24	0.000	***
胸囲	0.72	0.17	4.15	0.000	***
標本数		39			
F-statistic		75.46 ***			
R-squared		0.797			

図表11－1で示した結果により，胸囲(X_2)がそのままで，身長(X_1)だけが1cm 増加したとき，体重は0.63kg 増えることが予測される。

結論を先にいうと，単純回帰モデルの場合の同じく，重回帰モデルにおける最小2乗推定量 $\hat{b}_0$, $\hat{b}_1$, $\cdots$, $\hat{b}_k$ も不偏性と一致性を満たし，線形不偏推定量の中で最小分散を持つ推定量である（BLUE が成立する）。

不偏性：$E(\hat{b}_0)=b_0, \cdots, E(\hat{b}_k)=b_k$

一致性：$\mathrm{plim}\ \hat{b}_0=b_0, \cdots, \mathrm{plim}\ \hat{b}_k=b_k$

注：パラメータ θ の推定量 $\hat{\theta}$ が任意の $\varepsilon>0$ について，

$$\lim_{n\to\infty} P(|\hat{\theta}-\theta|\geq\varepsilon)=0$$

が成り立つとき，$\hat{\theta}$ を θ の**一致推定量**といい，$\mathrm{plim}\ \hat{\theta}=\theta$ とも書く。

こうした $\hat{b}_0$, $\hat{b}_1$, $\cdots$, $\hat{b}_k$ を使えば，$\hat{Y}_i=\hat{b}_0+\hat{b}_1 X_{i1}+\hat{b}_2 X_{i2}+\cdots+\hat{b}_k X_{ik}$ のような

回帰空間が得られ，回帰空間のフィットを示す決定係数 R^2 の定義は単純回帰の場合と同様で，以下のように与えられる。

$$R^2 = \frac{SSE}{SST} = \frac{\sum_{i=1}^{n} (\hat{Y}_i - \overline{Y})^2}{\sum_{i=1}^{n} (Y_i - \overline{Y})^2} = 1 - \frac{\sum_{i=1}^{n} \hat{u}_i^2}{\sum_{i=1}^{n} (Y_i - \overline{Y})^2}$$

残差 $\hat{u}_i$ については，残差 2 乗和を最小にするための 1 階条件より，次の関係が成り立つ。

$$\sum_{i=1}^{n} \hat{u}_i = 0$$

$$\sum_{i=1}^{n} \hat{u}_i X_{ij} = 0, \quad j = 1, 2, \cdots, k$$

また，残差 $\hat{u}_i$ を用いれば，誤差項 u_i の分散 σ^2 の不偏推定量が次のように求められる。

$$s^2 = \hat{\sigma}^2 = \frac{\sum_{i=1}^{n} \hat{u}_i^2}{n-k-1}$$

このときの自由度は，標本サイズ (n) から定数項を含むパラメータの数 $(k+1)$ を引いた値となる。s^2 は誤差分散の不偏推定量で，**残差分散**と呼ばれる。

$$E(s^2) = \sigma^2$$

続いて，重回帰モデルにおけるパラメータに関する仮説検定を行ってみよう。例えば，

帰無仮説 H_0：$b_1 = 0$ (i.e., $Y_i = b_0 + b_2 X_{i2} + \cdots + b_k X_{ik} + u_i$)

対立仮説 H_1：$b_1 \neq 0$ (i.e., $Y_i = b_0 + b_1 X_{i1} + b_2 X_{i2} + \cdots + b_k X_{ik} + u_i$)

この場合，誤差項に正規分布に従うこと（標準的仮定の仮定 6）を仮定しておくと，帰無仮説のもとでの検定統計量は，

$$t_{\hat{b}_1} = \frac{\hat{b}_1 - b_1}{SE(\hat{b}_1)} = \frac{\hat{b}_1 - 0}{SE(\hat{b}_1)}$$

となり，この検定統計量は自由度$(n-k-1)$のt分布にしたがう。つまり，単純回帰モデルの場合と同様に，t検定を行えばよい。通常では帰無仮説において，係数がゼロになると仮定する場合が多いが，ゼロ以外の特定の値でも構わない。例えば，経済分析では価格弾力性が1より大きいかどうかの統計的検定が多い。

t分布を用いた仮説検定は個々のパラメータに対して行うものであるが，重回帰モデルの場合には，複数のパラメータをまとめて考えるF検定が存在する。これについては第13章で詳しく説明する。

3　決定係数と自由度調整済み決定係数

第9章に紹介したように，回帰モデルにおいて，回帰直線のフィットを示す1つの指標として，決定係数がよく使われる。しかし，この指標に関して，回帰モデルのおける説明変数を増やすことに伴い，決定係数R^2も大きくなることが1つ大きな弱点である。決定係数R^2の定義により，

$$R^2 = 1 - \frac{\sum_{i=1}^{n} \hat{u}_i^2}{\sum_{i=1}^{n} (Y_i - \overline{Y})^2}$$

説明変数を増やせば，残差2乗和が基本的に小さくなる（決して増加しない）。したがって，単純に決定係数をモデルの選択基準にすると，説明変数が多いほどモデルがよいということになるが，増やした説明変数が大した説明力がなくても成り立つため，必ずしも適切とはいえない。

この弱点を改善するために，**自由度修正済み決定係数**が用いられる。

$$\overline{R}^2 = 1 - \frac{\sum_{i=1}^{n} \hat{u}_i^2/(n-k-1)}{\sum_{i=1}^{n} (Y_i - \overline{Y})^2/(n-1)}$$

式の右辺の分母の $\sum_{i=1}^{n}(Y_i-\overline{Y})^2(n-1)$ は Y_i の分散の不偏推定量で，分子の $\sum_{i=1}^{n}\hat{u}_i^2/(n-k-1)$ は先述のように σ^2 の不偏推定量である。$(n-1)$ および $(n-k-1)$ はそれぞれ不偏推定量を求めるために対応する自由度である。それで，モデルにおける説明変数の数 (k) を増やすと，$\sum_{i=1}^{n}\hat{u}_i^2$ が確かに減少するが，$(n-1)/(n-k-1)$ は増加する。したがって，$\overline{R}^2$ が必ずしも増加しない。一般的に，重回帰モデルにおいて，R^2 よりも $\overline{R}^2$ を用いることが多い。

R^2 と $\overline{R}^2$ の関係を考えて，**自由度修正済み決定係数** $\overline{R}^2$ が以下のように書き換えられる。

$$\overline{R}^2=1-\frac{\sum_{i=1}^{n}\hat{u}_i^2}{\sum_{i=1}^{n}(Y_i-\overline{Y})^2}\cdot\frac{n-1}{n-k-1}=1-(1-R^2)\frac{n-1}{n-k-1}$$

この性質により，決定係数 R^2 は非常に小さいとき，自由度修正済み決定係数 $\overline{R}^2$ は負になることもあり得る。

4　定数項がない回帰モデル

これまでの回帰モデルは，すべて定数項が存在することを前提に議論した。しかし，先験的に経済理論によって，回帰モデルが定数項を持たない場合も存在する。例えば，単回帰モデルを例に，真の回帰モデルは次のように定義される。

$$Y_i=b_1X_i+u_i$$

この場合，残差 $\hat{u}_i$ は

$$\hat{u}_i=Y_i-\hat{Y}_i-Y_i \quad \hat{b}_1X_i$$

と示される。したがって，最小 2 乗法より，残差 2 乗和を最小にするように $\hat{b}_1$ を次のように求めることができる。

$$SSR = \sum_{i=1}^{n} (Y_i - \hat{b}_1 X_i)^2$$

これにより，

$$\frac{\partial \sum_{i=1}^{n} \hat{u}_i^2}{\partial \hat{b}_1} = -2 \sum_{i=1}^{n} (Y_i - \hat{b}_1 X_i) X_i = -2 \sum_{i=1}^{n} \hat{u}_i X_i = 0$$

になり，$\hat{b}_1$ は次のように求まる。

$$\hat{b}_1 = \frac{\sum_{i=1}^{n} X_i Y_i}{\sum_{i=1}^{n} X_i^2}$$

ここで，残差の性質を注意する必要がある。上記の式により，$\sum_{i=1}^{n} \hat{u}_i X_i = 0$ は成立するが，$\sum_{i=1}^{n} \hat{u}_i = 0$ は必ずしも成立しない。定数項がある場合，$\sum_{i=1}^{n} \hat{u}_i = 0$ は定数項に関する最適化条件から導き出されたものであるが，定数項のないモデルにおいて，この関係は必ずしも保証されないからである。また，定数項のないモデルにおいて，決定係数の値が異なるという問題も生じるため，定数項のない回帰モデルにおいては，決定係数 R^2 の持つ意味には十分注意しなければならない。通常，定数項ありの回帰モデルに対して，定数項のない回帰モデルにおける決定係数 R^2 が適切に定義されていないため，回帰直線の当てはまりの尺度としての意味には注意を要する。

▶ジュースの競争関係

Juice.csv は，競合する 2 つのジュースブランド A と B に関して，1 日当たりの売上数量と，それぞれの販売価格のデータである。なお，(X_1, Y_1) はブランド A，(X_2, Y_2) はブランド B の販売価格と売上数量を示している。このデータを用い，次の分析を行いなさい。

1. ブランド A の価格と売上数量の分布を調べなさい。
2. ブランド B の価格と売上数量の相関関係を調べなさい。
3. 各ブランドの価格と売上数量の散布図行列を描き，その結果について説明しなさい。
4. 重回帰モデルを用いて，ブランド A と B の価格 (X_1, X_2) が，ブランド A の売上数量 (Y_1) に与える影響を求めなさい。
5. ブランド B の価格 (X_2) は，本当にブランド A の売上数量 (Y_1) に影響を与えるのかについて説明しなさい。

◆各ブランドの価格と売上数量の散布図行列を描き，相関分析を行おう（R コマンダーを起動し，Juice.csv を読み込む）

ツールバー［グラフ］−［散布図行列］によって開かれたウィンドウ（図表 11 − 2・左）で，［変数を選択（3つ以上）］で X_1, X_2, Y_1, Y_2 をすべて選択する。次に，［オプション］のタブをクリックし，図表 11 − 2（右）のように対角位置に「密度プロット」，他のオプションに「平滑線」のチェックを入れて OK をクリックすると，図表 11 − 3 のような散布図行列を描くことができる。

散布図行列から，ブランド A，B とも，売上数量は自身の価格に右下がりの負の相関関係，競合相手の価格に右上がりの正の相関関係が見出せる。

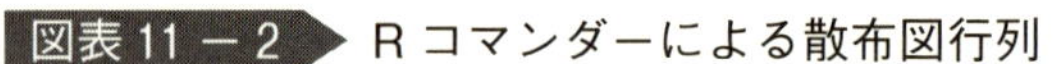

図表11－2　Rコマンダーによる散布図行列

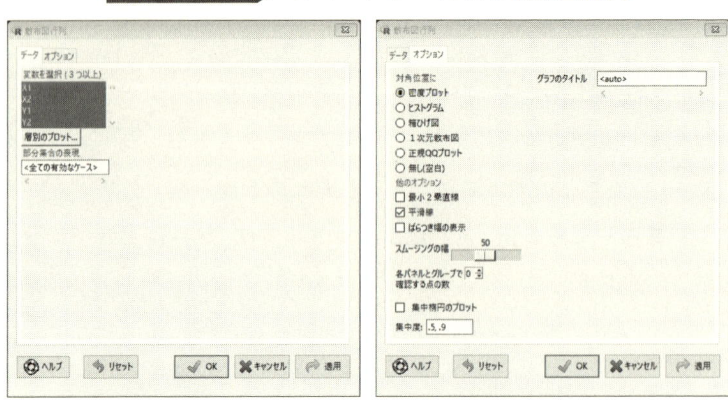

図表11－3　ジュースの価格と売上数量の散布図行列

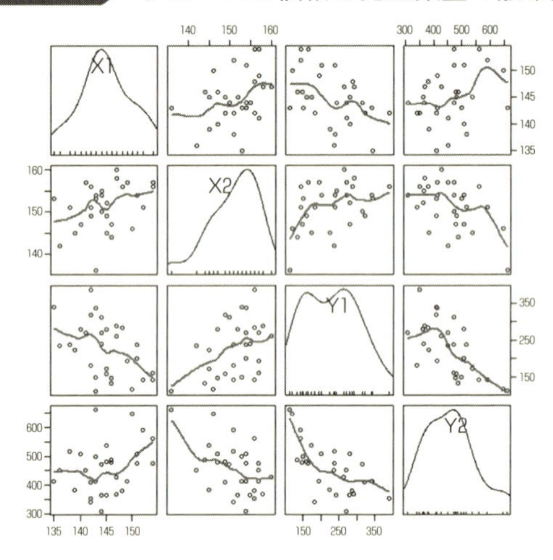

◆ブランドＡとＢの価格と，ブランドＡの売上数量に対して，回帰分析を実行してみよう

ブランドＡとＢの価格(X_1, X_2)とブランドＡの売上数量(Y_1)の間に

$$Y_{i1} = \beta_0 + \beta_1 X_{i1} + \beta_2 X_{i2} + u_i$$

のような線形の関係があると仮定する。

ツールバー［統計量］－［モデルへの適合］－［線形回帰］に進むとウィンドウ（図表11－4・左）が現れ，目的変数に Y_1，説明変数に X_1 と X_2 を同時に選んでOKをクリックすると，回帰分析が実行される。

図表11－4　ジュースの価格と売上数量の回帰分析

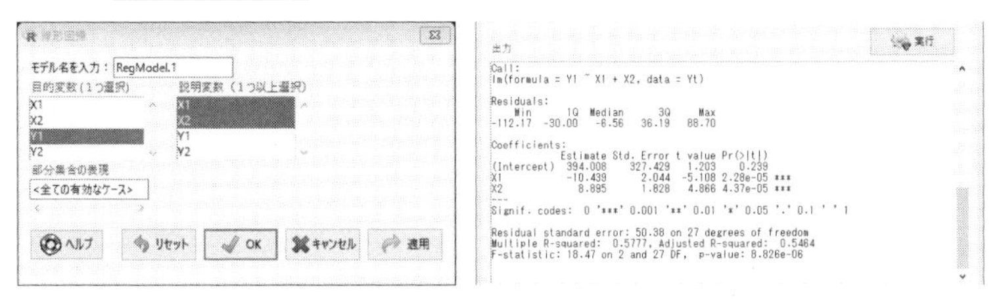

回帰分析の結果は図表11－4（右）に示され，推定された回帰直線は次のように表現できる。

$$\hat{Y}_{i1} = 394.01 - 10.44X_{i1} + 8.90X_{i2} \qquad (11-1)$$

ブランドAの価格(X_1)のパラメータの予測値は－10.44で，検定統計量 t 値は－5.11である。この検定統計量の結果は帰無仮説のもとでの実現確率（i.e., 有意確率）は有意水準5%よりも小さいため，推定結果は有意である。つまり，ブランドBの価格はそのままでAの価格が1単位増加するときに，Aの売上数量は約10単位下がると予測される。また，ブランドBの価格(X_2)のパラメータの予測値は8.90で，検定統計量 t 値は4.87である。この結果は帰無仮説のもとでの実現確率（i.e., 有意確率）も有意水準5%よりも小さいため，推定結果は有意である。つまり，ブランドAの価格はそのままで，Bの価格が1単位増加するときに，Aの売上数量は約9単位上がると予測される。

標準的仮定からの逸脱

本章のポイント

分散不均一

- 誤差の分散が一定でないことであり，OLS が BLUE となる前提からの逸脱の１つ（heteroskedasticity ともいう）。
- 主として，時間的順序のないクロスセクション・データで生じる現象。
- **分散不均一**があると，OLS によってパラメータにバイアスは生じないが，最小分散ではなくなる。
- 誤差は直接観測できないため，残差が（1つの独立変数とともに）傾向的に拡大しているといった現象から分散不均一を疑う。
- 対処法として一般化最小２乗法などがある。

系列相関

- 誤差が互いに相関していることであり，OLS が BLUE となる前提からの逸脱の１つ。英語名は serial correlation で，自己相関（auto-correlation）の別名もある。
- （データの時間的順序が明確な）時系列データで問題となる現象。
- **系列相関**があると，OLS によってパラメータにバイアスは生じないが，最小分散ではなくなる。

- 1階の自己相関を検定する代表的な方法は**ダービン・ワトソン比（ダービン・ワトソン統計量）**によるもの。回帰分析の際に自動的に出力される統計ソフトが多いが，クロスセクション・データでは系列相関を議論することに意味がないので注意を要する。
- 対処法として一般化最小2乗法などがある。一般化最小2乗法の1つの方法としてコクラン・オーカット法がある。

（完全な）多重共線性

- OLSがBLUEとなる前提からの逸脱の1つだが，（完全な）**多重共線性**に該当するとパラメータの計算が不可能となる。
- 極端な場合，全く同じ独立変数（X_1, X_2 ただし $X_1=X_2$）を2つとも回帰式に含めた場合，いずれの変数にパラメータを付してよいかわからないであろう。同様に X_1, X_2 の和（または加重和）が X_3 になっているような場合も同様である。「用いる独立変数は**一次独立**でなければならない」という。$c_1X_1+c_2X_2+\cdots\cdots+c_kX_k=0$（$c_j$：定数，$X_j$：ベクトル）のとき $c_1=c_2=\cdots\cdots=c_k=0$ が成り立つとき，ベクトル X_1, X_2, ……, X_k は一次独立であるという。
- （完全な）多重共線性でなくても，X_1, X_2 が似ている（相関が高い）場合，やはり多重共線性が存在するという。このとき，回帰式全体のフィットは良いが（$\overline{R}$ は高いが），推定パラメータの分散が拡大し，t 値が有意でなくなるといった傾向がみられる。
- 上記に対する根本的な対処法はないが，「変数を厳選して選択する（冗長にならないようにする）」「2つ以上の変数を（主成分分析等によって）1つに統合する」といった対処法が考えられる。

重要な独立変数の除外

- 必要な（重要な）独立変数を除外して回帰分析を実行すること。これによって誤差と独立変数の相関が生じる。これはOLSがBLUEとなる前提からの逸脱の１つである。「**定式化の誤り**」(specification error）の代表である。
- 上記の場合，推定パラメータにバイアスを生じる（正確には，入っている独立変数と除外された変数に相関がある場合)。また，（入っていない独立変数の影響が誤差項として表現されるため）誤差分散が大きくなる。結果として，推定パラメータの分散が拡大する。
- 以下，①を正しい定式化とするとき，②を推定したとする。

　① $Y_i = b_0 + b_1 X_{1i} + b_2 X_{2i} + u_i$

　② $Y_i = b_0 + b_1 X_{1i} + u_i$

　②における b_1 の推定値 $\hat{b}_1$ の期待値は，$b_1 + b_2 \cdot \dfrac{Cov(X_1, X_2)}{Var(X_1)}$ となる

　(バイアスの方向は，$b_2 \cdot Cov(X_1, X_2)$の符号に依存する)。
- 対処法は，重要な変数を独立変数に含めること以外にはない。
- 特定の変数による従属変数への影響に興味がある場合も，それ以外の重要とみられる独立変数をモデル内に含めて定式化することが必要である。

同時性（内生性）

- 複数の回帰式からなるシステムの例（パラメータはβ, γを用いた）

$$Y_{1i} = \beta_0 + \beta_1 X_{1i} + \beta_2 X_{2i} + \beta_3 Y_{2i} + u_{1i} \quad \cdots\cdots\cdots\cdots ①$$

$$Y_{2i} = \gamma_0 + \gamma_1 X_{1i} + \gamma_2 X_{2i} + \gamma_3 Y_{1i} + u_{2i} \quad \cdots\cdots\cdots\cdots ②$$

ここでは，$u_1 \uparrow \rightarrow Y_1 \uparrow \rightarrow Y_2 \uparrow$ (if　$\gamma_3 > 0$)となり($\uparrow$は変数の値の上昇を示す)，①式の誤差項と独立変数は関連してしまうことがわかる。上式中，Y_1, Y_2を**内生変数**（いずれかの式で従属変数となる変数)，X_1, X_2を**外生変数**（システムの外で決まる変数）という。

- 右辺に内生変数が入っている場合，推定パラメータにはバイアスがかかる。
- 対処法として，**操作変数法**，その1つである**2段階最小2乗法**（TSLS, 2SLS等と略す）などがある。いずれも，「従属変数とは相関するが，誤差項とは相関しない変数を独立変数として用いる」という考え方に基づいている。ただ，TSLSの場合，十分な数の外生変数がないと識別不能となる（パラメータの推定が不可能となる）ことがある。これを**識別問題**という。

• Keywords •

- 分散不均一，系列相関
- （完全な）多重共線性，一次独立
- バイアス，重要な独立変数の除外，定式化の誤り
- 内生変数，外生変数，同時性（内生性）
- 操作変数法，2段階最小2乗法（TSLS, 2SLS），識別問題

考えてみよう！

店の規模と雰囲気が，その店の来客数に与える影響について，学生A君は，来店客数の動きを，「店舗面積」，「品揃えの数」，「店員の数」，「接客の良さ」，「店の綺麗さ」および「店の評判」で説明したとする。

$$Y_i = b_0 + b_1 X_{i1} + b_2 X_{i2} + b_3 X_{i3} + b_4 X_{i4} + b_5 X_{i5} + b_6 X_{i6} + u_i$$

学生A君は収集した標本データを，最小2乗法を用いて回帰分析を行い，**図表12－1**のような結果が得られた。

図表12－1 回帰分析の推定結果

	Coef.	*Std.Err*	*t-value*	*Pr(> |t|)*
定数（b_0）	13.92	17.18	0.81	0.43
面積（b_1）	－5.20	2.08	－2.50	0.02
品揃え（b_2）	12.75	13.25	0.96	0.35
店員数（b_3）	8.63	1.87	4.62	0.00
接客（b_4）	7.01	2.55	2.75	0.01
綺麗さ（b_5）	－3.31	1.06	－3.13	0.01
評判（b_6）	2.43	9.75	0.25	0.81

標本数：50
F統計量：2201.08
自由度修正済み決定係数$\bar{R}^2$：0.88

推定結果によると，「綺麗さ」というパラメータ（b_5）の推定値は負であり，つまり店内環境は綺麗になるほど，来店客数が減ることを意味している。しかし，この結果について，皆さん何となく違和感を覚えるのではないだろうか。なぜこのような結果を得たのだろうか。

これまでの回帰分析は，すべて標準的仮定のもとでのものであるが，実際の分析においては，用いられるデータは必ずしもすべてこの標準的仮定を満たしていない。本章では，標準的仮定からの逸脱に伴う問題点について紹介したい。

1　多重共線性

前章ではすでに説明したが，回帰分析を行っている際，説明変数を増やすほど決定係数が高くなりやすいため，分析の初心者はたくさんの説明変数をモデルに入れてしまいがちである。

しかし，通常の回帰モデルにおいては，説明変数どうしが無相関であることを仮定している。それは説明変数が独立変数とも呼ばれる理由の1つである。しかし，実際の分析においては，この仮定を満たさないことが多い。通常，説明変数間で相関係数が高いときに，**多重共線性**という現象が発生しやすいからである。

いま，次のような回帰式を考える。

$$Y_i = b_0 + b_1 X_{i1} + b_2 X_{i2} + u_i$$

ここで，$X_{i2} = aX_{i1}$ という完全な線形関係があるとき，説明変数間に**完全共線性**（multi-collinearity）があるという。こうした完全共線性がある場合，$X_{i2} = aX_{i1}$ の関係を元の線形モデルに代入すると，

$$Y_i = b_0 + (b_1 + ab_2) X_{i1} + u_i$$

になるため，パラメータ b_1 と b_2 を個別に推定することができなくなる。

実際のマーケティング分析において，変数間に完全な線形関係を有することが少ないが，近似的な状況が発生することがしばしばある。一般的に，説明変数同士の相関係数が0.7以上である場合，多重共線性が起きる恐れがあると考えられる。多重共線性は発生したとき，次のようなトラブルが発生しやすい。

1. 分析結果における係数の標準誤差が大きくなり，有意確率が大きくなり，結果の有意性が落ちてしまう。
2. 回帰係数の符号が本来なるべきものとは逆の符号となる。
3. 変数や標本の数の増減により，パラメータが大きく変動し，正しく推計できない。

多重共線性は，基本的には標本の変数構造上の問題であるため，根本的な解決方法はないが，よく用いられる解決法として，**ステップワイズ**（変数の除外）法がある。ステップワイズ法の本質は，モデルを定式化し直すことである。ただし，ステップワイズにより多重共線性は克服できるが，本来のモデルのパラメータ推定を放棄すると言ってもよい。また，どの変数を除外すべきかについての理論根拠はほとんどないため，どちらかというと１つの便法である。

2　過少定式化と過剰定式化

前述の多重共線性問題に対して，回帰モデルを定式化し直すことにより，パラメータの推定精度が改善できるが，実際の分析を行うときに，回帰モデルを誤って定式化することもよく生じる。これは**定式化の誤り**（specification error）と呼ばれる。

これまでの議論は，すべて想定した回帰モデルが正しいと考えたときのものである。しかし，実際には真のモデルは知り得ないのであるから，重要な変数が欠落した場合と不要な変数を含める場合という２つの定式化の誤りがしばしば起きる。重要な変数が欠落した場合を**過少定式化**と呼ぶ。例えば，

正しいモデル：$Y_i = b_0 + b_1 X_{i1} + b_2 X_{i2} + \cdots + b_k X_{ik} + u_i$

誤りのモデル：$Y_i = b_0 + b_2 X_{i2} + \cdots + b_k X_{ik} + u_i$

そのとき，欠落した変数 X_1 と他の説明変数 $X_2, \cdots, X_k$ に相関がない場合，モデルの最小２乗推定量は不偏性が満たされる。しかし実際の運用上，説明変数が無相関であることはめったに起きないため，最小２乗推定量は不偏性を満たさない場合が多い。同様に，説明変数どうしが全く無相関であれば，最小２乗推定量は効率性（有効推定量）を満たすが，実際の運用上では効率性を満たさないことも多い。

変数の欠落に対して，次のようなモデルに不要な変数を含めた場合において，

正しいモデル：$Y_i = b_0 + b_1 X_{i1} + b_2 X_{i2} + \cdots + b_k X_{ik} + u_i$

$$誤りのモデル：Y_i = b_0 + c_1 Z_{i1} + b_1 X_{i1} + b_2 X_{i2} + \cdots + b_k X_{ik} + u_i$$

推定量の不偏性と一致性を失わないが，推定量の分散を増大させることになり，推定量の有効性（または効率性）を満たしていない。

（変数の過不足によるパラメータ推定量の性質の変化について，興味があれば各自証明してみてほしい。この部分は本書の範囲を超えるため省くことにする。）

3　分散不均一と系列相関

標準的仮定では，回帰式の誤差項が互いに独立で，期待値は0，分散はσ^2であると仮定しているが（仮定2，3，4），実際の分析においては，誤差項はこれらの仮定を満たしていない場合もある。

(1)　分散不均一

回帰式において，誤差項が互いに独立で，同一分散を持つ場合を「**分散均一**」(homoskedasticity)，同一分散を持たない場合を「**分散不均一**」(heteroskedasticity）と呼ぶ（**図表12－2**）。

回帰モデルにおいて，分散不均一が発生するならば，そのモデルを

$$Y_i = b_0 + b_1 X_{i1} + b_2 X_{i2} + \cdots + b_k X_{ik} + u_i,\ \ i = 1, \cdots, n;\ k + 1 \leq n$$
$$E(u_i) = 0,\ \ V(u_i) = \sigma_i^2,\ \ E(u_i\, u_j) = 0\ \ (i \neq j)$$

と表すことができる。分散均一の場合に対して，誤差項の分散がiに依存する(σ_i^2)ことが特徴である。標準的仮定のもとで得られた推定量は，通常**最小2乗推定量**（ordinary least squares estimator：OLS推定量）と呼ばれ，BLUEの性質を持つ。それに対して，分散不均一のある回帰モデルにおいては，ガウス＝マルコフ定理が成立せず，OLS推定量は不偏性を持つが，効率性を必ずしも満たしていないため，BLUEではない。

そのとき，もし各誤差分散の値(σ_i^2)が既知であれば，分散不均一の問題に容易に対処し，パラメータの推定量をガウス＝マルコフ定理が満たされる状態に

図表12－2　分散均一（上）と分散不均一（下）の散布図

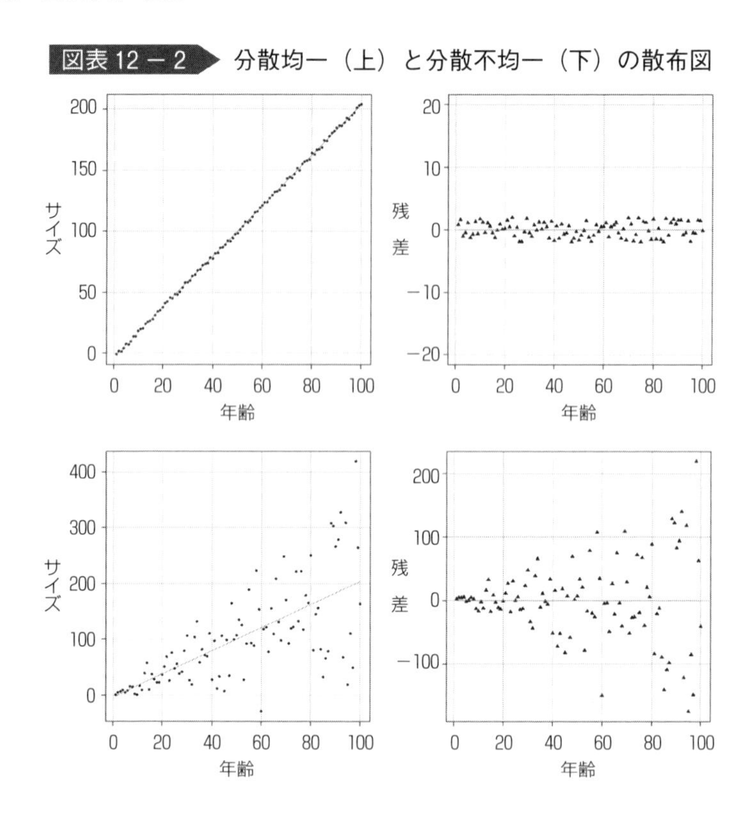

修正することが可能である。元の回帰式の両辺を σ_i で割ると，

$$\frac{Y_i}{\sigma_i}=\frac{b_0}{\sigma_i}+\frac{b_1 X_{i1}}{\sigma_i}+\frac{b_2 X_{i2}}{\sigma_i}+\cdots+\frac{b_k X_{ik}}{\sigma_i}+\frac{u_i}{\sigma_i}$$

$$E\left(\frac{u_i}{\sigma_i}\right)=\frac{1}{\sigma_i}E(u_i)=0,\ V\left(\frac{u_i}{\sigma_i}\right)=\frac{1}{\sigma_i^2}V(u_i)=1$$

のような関係が成立し，新しい誤差項(u_i/σ_i)は分散均一が満たされ，そのときのOLS推定量はBLUEである。こうしたウェイトを付けた残差2乗和を最小にするような方法を，**加重最小2乗法**（weighted least squares method：WLS）と呼ぶ。

分散不均一の検定方法について，通常White検定とBPG（Breusch-Pagan/

Godfrey）検定を用いることが多いが，本書の範囲を超えるため省くことにする。興味がある方は，J. Johnston and J. Dinardo 著『Econometric Methods』（McGraw-Hill，1996年）を参考にしてください。

(2) 系列相関

続いて，回帰式において，誤差項は分散が互いに等しいが，**自己相関**（auto correlation）がある場合もある。これを誤差項の**系列相関**（serial correlation）とも呼ぶ。時間順序という特徴を持つ**時系列データ**（time series data）を用いる場合，系列相関の問題がしばしば生じる。

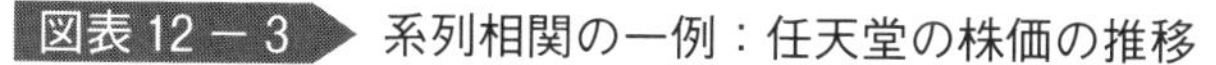
図表12－3　系列相関の一例：任天堂の株価の推移

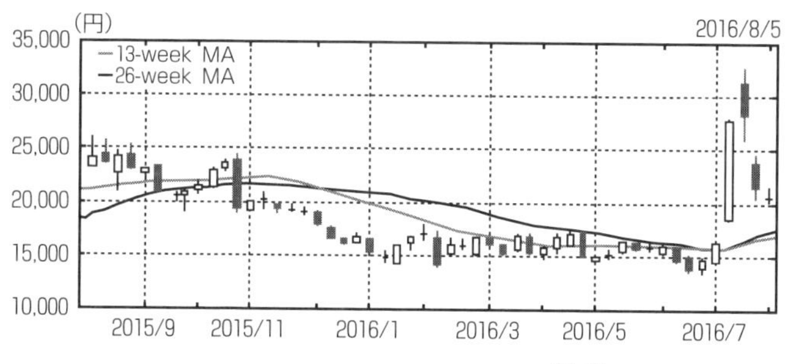

（出所：Yahoo! ファイナンス）

系列相関のあるモデルを考えよう。時系列データにおいて，時系列順序を示すために，添え字の t で表すことが多い。

$$Y_t = \beta_0 + \beta_1 X_t + u_t,\ t = 1, 2, \cdots, T \tag{12-1}$$

$$u_t = \gamma u_{t-1} + \varepsilon_t,\ |\gamma| < 1 \tag{12-2}$$

ここで，誤差項 ε_t について，

$$E(\varepsilon_t) = 0$$

$$E(\varepsilon_t\ \varepsilon_k) = \begin{cases} 0, & t \neq k \\ \sigma_\varepsilon^2, & t = k \end{cases}$$

といった性質を満たすと仮定する。このとき，u_t に対して，このようなモデルを**自己回帰過程**（autoregressive process; AR Process）と呼ぶ。通常，式(12−2)のように表現する場合は，AR(1)と表示される。この場合，OLS 推定量は不偏性を持つが，効率性を持たないため，ガウス＝マルコフ定理が成立せず，BLUE ではない。

そのとき，もしγが既知であれば，パラメータの推定量をガウス＝マルコフ定理が満たされる状態に修正することが可能である。元の回帰式の両辺にγを掛け，1期ずらすと，

$$\gamma Y_{t-1}=\gamma\beta_0+\gamma\beta_1 X_{t-1}+\gamma u_{t-1},\ t=1, 2, \cdots, T \qquad (12-3)$$

が得られる。ここで，式（12−3）を元の回帰式（12−1）から引くと，

$$Y_t'=\theta_0+\theta_1 X_t'+\varepsilon_t,\ t=1, 2, \cdots, T \qquad (12-4)$$

を得る。誤差項(ε_t)は回帰モデルの標準的仮定を満たしているため，新しい回帰式における OLS 推定量は BLUE である。

時系列データを用いた回帰分析において，誤差項の自己相関を検定するための方法が複数あるが，よく使われる1つとして，***Durbin-Watson*（ダービン・ワトソン）検定**がある。*Durbin-Watson* 検定は，式(12−1)と(12−2)に対して，

$$\text{帰無仮説 } H_0: \gamma=0$$
$$\text{対立仮説 } H_1: \gamma\neq 0$$

となる統計的検定手法で，その検定統計量を *Durbin-Watson* 比という（省略して *D-W* 比と書くことが多い)。

$$DW=\frac{\sum_{t=2}^{T}(\hat{u}_t-\hat{u}_{t-1})^2}{\sum_{t=1}^{T}\hat{u}_t^2}\approx 2(1-\hat{\gamma})$$

D-W 比に関する統計的証明は本書の範囲を超えるため，詳しく説明しない。多くの統計ソフトでは，*Durbin-Watson* 検定のパッケージが付いているため，

D-W 比の検定結果が自動的に出力される。図表12－4はRによる *Durbin-Watson* 検定の一例を示している。通常では，*D-W* 比の値と**系列相関**の関係は次のようになる。

1. *D-W*＝2の場合，系列相関なし
2. *D-W*＝0の場合，完全正の系列相関
3. *D-W*＝4の場合，完全負の系列相関
4. 0 < *D-W* < 1.5の場合，正の系列相関があると判断される
5. 2.5 < *D-W* < 4の場合，負の系列相関があると判断される
6. 1.5 < *D-W* < 2.5の場合，系列相関なし（H_0）とは棄却されにくい(判断できない)

図表12－4　Rによる *Durbin-Watson* 検定の例

```
durbin.watson(lm(Y ~ X1 + X2 + X3, data=Data01))
## lag  Autocorrelation  D-W Statistic  p-value
##  1        0.688345         0.6168636       0.000
## Alternative hypothesis: rho != 0
```

4　内生性問題

次の例を考えてみよう。被説明変数(Y)はある商品に対する消費者の購買可能性とし，説明変数(X)は消費者がこの商品の情報に対する注視時間とする。通常，消費者が商品の情報に対して長く注視すれば，結果的にこの商品を購入する可能性が高くなるはずである。こうした関係を次のような回帰式で表すことができる。

$$Y_i = b_0 + b_1 X_i + u_i$$

視線の調査データ EyeTra.csv を用いて，私たちは $\hat{Y}_i = 76.86 - 3.21X_i$ という推定結果を得た。

図表 12－5　商品に対する注視時間と購買確率の散布図

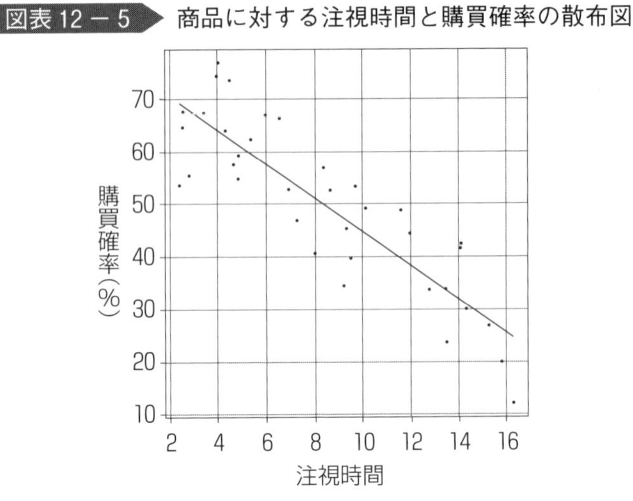

この推定結果より，商品の情報に対する注視時間が 1 秒長くなれば，この商品に対する消費者の購買可能性が約 3% 下がると予測される。しかし，この結果は本当に信頼できるのか。答えは否であろう。

回帰式の標準的仮定の 1 と 2 により，説明変数と誤差項は原則として独立である。しかし，上記の回帰モデルにおいて，誤差項(u_i)は注視時間以外の購買率に影響を与える要素で，その中には，この商品に関する消費者の事前知識のような，注視時間と購買可能性に同時に影響しうる要素も含まれる。つまり，実際の分析において，説明変数と誤差項の間に相関があることは少なくないため，通常の OLS 推定用は不偏推定量にならない可能性が高い。

通常，重要な変数の欠落が，説明変数と誤差項に相関が生じる 1 つ重要な原因である。そのときに，説明変数に**内生性問題**が生じ，最小 2 乗推定量は不偏性と一致性を両方満たさない。

説明変数に内生性問題が生じた際，よく用いられる解決方法の 1 つは**操作変数法**（instrumental variable method；IV method）である。この方法によっても，不偏性の問題は完全に改善できないが，少なくともパラメータの一致推定量が求められる。

Column
時系列データの季節変動分解と自己相関

マーケティングなどの分析では時系列データを頻繁に用いる。時系列データは，時間順序という特徴を持つデータである。

地域別百貨店売上高の推移

年　月	全　国	札　幌	仙　台	東　京
2015 年 3 月	544,193	13,908	7,503	143,296
2015 年 4 月	472,258	11,453	6,612	127,894
2015 年 5 月	488,652	12,059	6,546	130,350
2015 年 6 月	487,990	11,614	6,583	134,503
2015 年 7 月	561,210	13,377	8,150	147,354
2015 年 8 月	436,252	11,510	5,758	111,935
2015 年 9 月	446,385	11,474	6,557	117,321
2015 年 10 月	497,472	12,769	7,131	132,377
2015 年 11 月	541,890	13,084	7,333	146,190
2015 年 12 月	709,828	18,010	10,345	183,455
2016 年 1 月	530,981	13,793	7,839	139,202
2016 年 2 月	444,674	11,678	6,032	120,568
2016 年 3 月	527,747	13,505	7,356	141,779
2016 年 4 月	453,644	10,971	6,505	125,913

（出所：日本百貨店協会；単位：百万円）

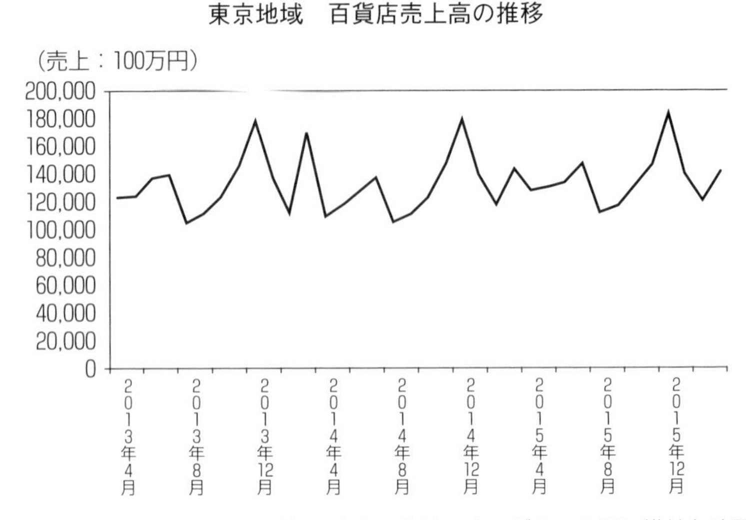

時系列データの見るときに最初にすることは，上のグラフの通り横軸を時間順序として折れ線グラフを描くことである。このように時系列データを見ると，さまざまなことが読み取れる。東京地域の 2013 年度から 2015 年度の 3 年間の売上高は 1,000 億円から 1,800 億円の間で変動しており，全体的なトレンドは横ばいである。月間売上は毎年 12 月に最大となり，7 月にも小さなピークがある。2014 年 3 月は例年にない増加を示している。この変動の解釈として，12 月と 7 月はボーナスの季節であり，お歳暮とお中元のニーズで売上が増えると考えられる。2014 年 3 月は消費増税前の駆け込み需要があり，消費の先食いから翌月の反動減を招いていると解釈できる。

このように時系列データをみるときは，まず**季節変動**（seasonal variation）に着目する。月次の百貨店売上高の推移では 1 年間の季節性を見るが，日次の売上高データであれば，曜日による増減といった 1 週間周期の季節性を見ることができる。季節の変動を調整して前回の周期の同じ時点より増えているか減っているかという長期の変動を**傾向変動**（trend variation）という。例えば地球の過去の気温変化は 1 年間の季節を持ち，寒冷化か温暖化の長期の傾向を持つ。傾向でも季節性でもない変動を不規則変動という。**不規則変動**（irregular variation）には説明のつかない変動もあれば，イベントといった予測可能な変動もある。消費税増税の際の百貨店売上高への影響は，過去数回のイベントの経験からおおよそ理解されている。天候や祝日やオリンピックの影響などもイベント要因になる。

元データ ＝ 傾向変動 ＋ 季節変動 ＋ 不規則変動

下に元データを傾向変動と季節変動と不規則変動に分解したグラフを示す。分解した結果を見ると，季節要因として 4 月と 7 月と 12 月の 3 回ピークが表れてしまっているが，4 月は 2014 年の消費増税の影響である。この分解法では 2014 年の 4 月の変動を 2015 年と 2016 年の 4 月の 3 回の 4 月で等分して 4 月の季節変動としている。そのような分析の課題を考慮しつつ傾向変動を見ると，消費税導入前から傾向変動は低下し，2014 年末まで低位安定した後に回復していることがわかる。百貨店経営者にとって，消費税の駆け込み需要や 12 月に売上が増えることより，この傾向変動こそ大切ではなかろうか。

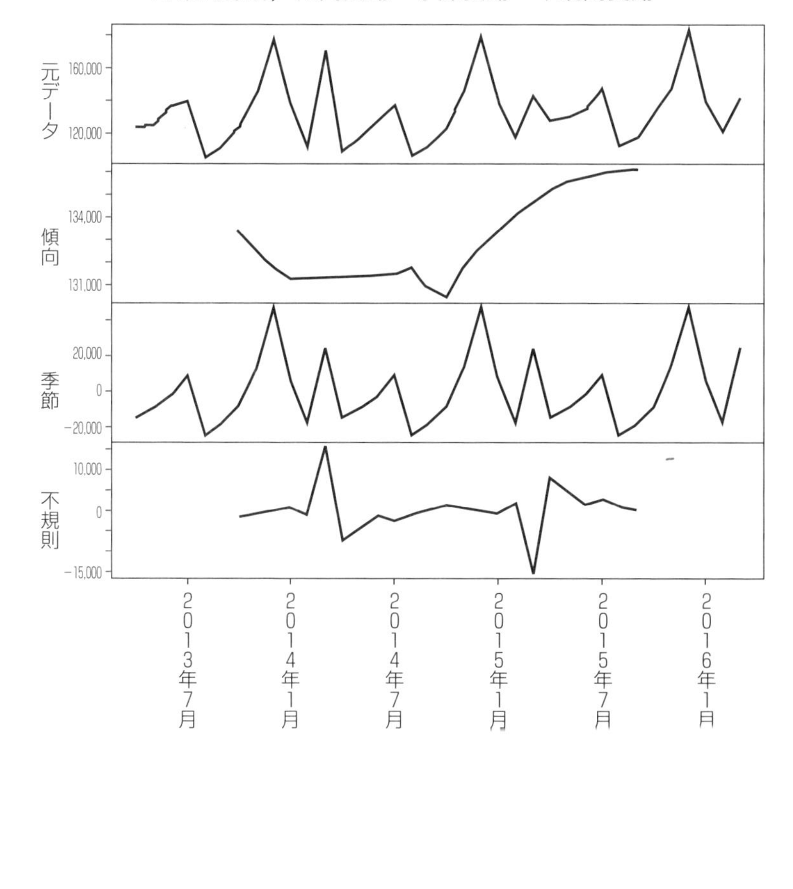

傾向変動を求める最も基本的な方法は，移動平均を求めることである。上の図表の分解では，12 カ月の移動平均を傾向変動と定めている。傾向変動の最初の数カ月が欠損しているように，最初の 6 カ月間は移動平均が求まらない。2013 年 10 月の移動平均は，前後 6 カ月＋当月の 13 カ月の平均値として求める。

一般的に，系列 $y_1, \cdots, y_t$ の 12 カ月の移動平均は以下のように記す。

$$MA_y = \frac{1}{12}\left(\frac{y_{t-6}}{2} + y_{t-5} + \cdots + y_{t+5} + \frac{y_{t+6}}{2}\right)$$

自己相関は，時点をずらした自分自身の系列との相関である。百貨店売上の系列の例で，時点をずらす様子を下の表に示す。元系列 2013 年 4 月～ 2016 年 4 月と 1 期遅れの系列との自己相関を計算する場合，データの大きさを同じにするために元系列の最後の 2016 年 4 月のデータを除いて相関係数を計算する。2 期遅れの系列との自己相関の場合は，2016 年 3 月と 4 月のデータを除く。

東京地域百貨店売上高の推移（百万円）

年　月	元系列	1 期遅れ	2 期遅れ	3 期遅れ
2013 年 4 月	123,972			
2013 年 5 月	124,097	123,972		
2013 年 6 月	136,682	124,097	123,972	
2013 年 7 月	139,362	136,682	124,097	123,972
2013 年 8 月	104,137	139,362	136,682	124,097
2013 年 9 月	111,319	104,137	139,362	136,682
2013 年 10 月	123,387	111,319	104,137	139,362
2013 年 11 月	145,445	123,387	111,319	104,137
2013 年 12 月	178,921	145,445	123,387	111,319
⋮	⋮	⋮	⋮	⋮

時点をずらすラグ数と自己相関係数の関係をグラフにしたものを**コレログラム**（correlogram）という。コレログラムは時系列データの周期性を見出すのに便利である。百貨店売上の場合，1 年周期で前年同月の売上高と水準が近くなる。周期性がないがゆっくりと好調・不調を繰り返す場合，1 時点ずらしても調子の変化が少ないと自己相関係数が高くなる。ラグ数を増やしていけば，元の調子の影響は次第に消失して無相関になっている。証券投資において投資収益率の系列の自己相関係数が高ければトレンド追随戦略が有効と期待できる。

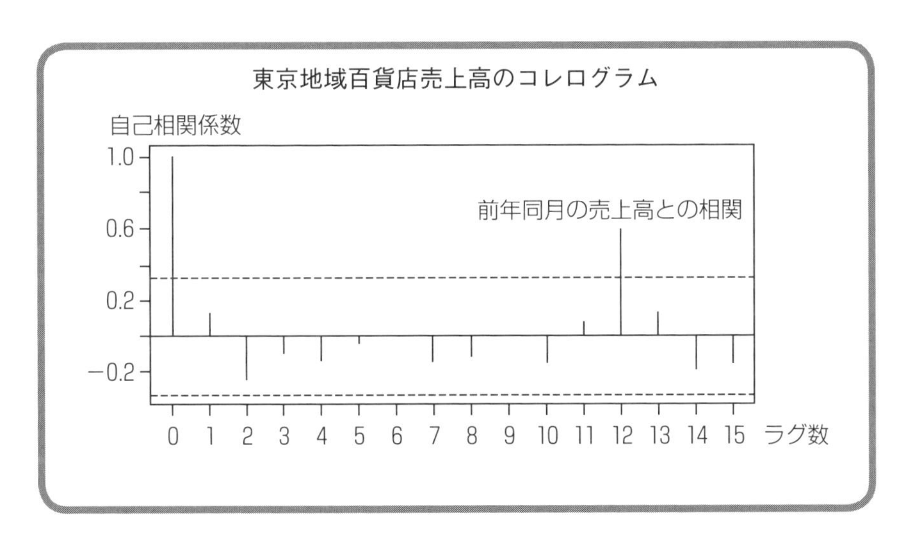

東京地域百貨店売上高のコレログラム
自己相関係数
1.0
0.6
0.2
−0.2
前年同月の売上高との相関
0 1 2 3 4 5 6 7 8 9 10 11 12 13 14 15
ラグ数

▶ローソンの顧客数と客単価

ローソンの顧客数と客単価に関する季節変動分解（図表12－6）と自己相関コレログラム（図表12－7）を読んで，以下の問題を考えなさい。

1. 顧客数と客単価に関する季節変動分解を読んで答えなさい。
   ①　顧客数と客単価の季節変動にはどのようなパターンがあるか。
   ②　顧客数と客単価の傾向変動には大きな変化があるか。それはなぜ生じたのか。
   ③　顧客数と客単価の不規則変動には顕著な変化はあるか。それはなぜ生じたのか。
2. 顧客数と客単価に関する自己相関コレログラムから，どのような周期性を見出せるのか。それはなぜ生じたのか。

図表12－6　顧客数（左）と客単価（右）の季節変動分解

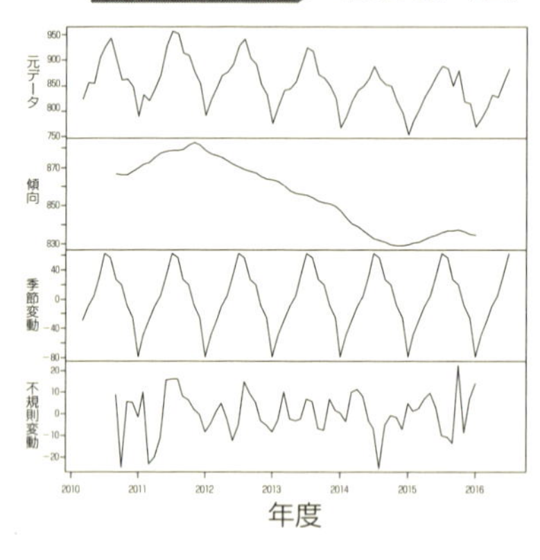

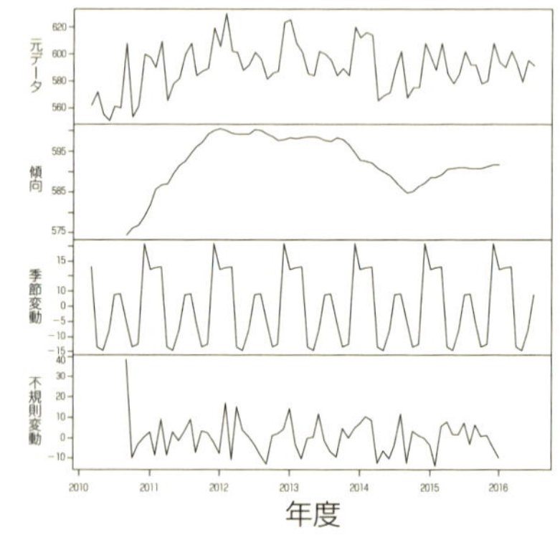

図表12－7　顧客数（上）と客単価（下）のコレログラム

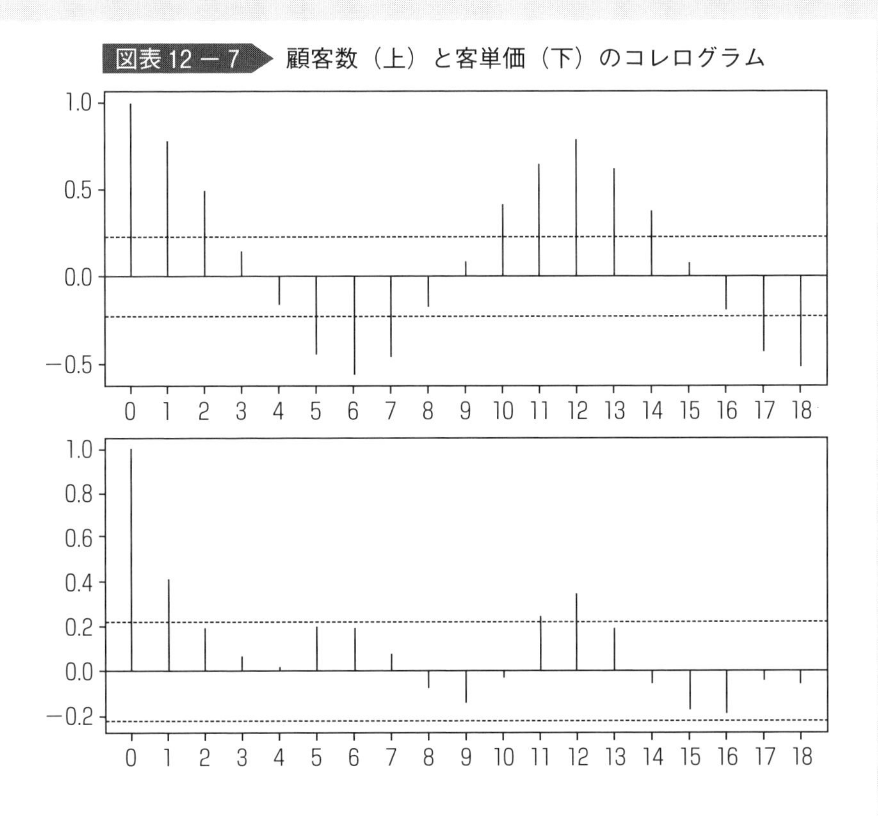

応用回帰分析

本章のポイント

関数形の工夫

- 回帰モデルの独立変数に２乗や自然対数等を使用することがある。このことによって，非線形の関係を表現することができる。

  例１：独立変数の２乗が独立変数の１つとして加わるケース

  $$Y_i = b_0 + b_1 X_{1i} + b_2 X_{2i} + b_3 X_{2i}^2 + u_i$$

  例２：従属変数，独立変数に自然対数を適用するケース

  $$\ln Y_i = b_0 + b_1 \ln X_{1i} + b_2 \ln X_{2i} + b_3 \ln X_{3i} + u_i$$

- 例１は X_2 の Y への影響が非線形である可能性を想定している。X_2 が１単位増加したとき Y の変化は $b_2 + 2b_3 X_2$ となるので，その影響は $b_3 < 0$ のとき逓減し，$b_3 > 0$ のとき逓増する。
- 例２も非線形の関係を表現しており，$Y_i = e^{b_0 + u_i} X_{1i}^{b1} X_{2i}^{b2} X_{3i}^{b3}$(**コブ＝ダグラス型**)の両辺に自然対数を適用した関数形となっている。$b_1 > 0$ とすると，X_1 の Y への影響は，$0 < b_1 < 0$ のとき逓減し，$b_1 > 1$ のとき逓増する。

ダミー変数

- 説明変数（独立変数）に２値の質的データを加えたいケースがある。例え

ば，賃金（被説明変数・従属変数）を就業年数（独立変数）で回帰したいが，大卒とそれ以外でスタートライン(y切片，すなわち就業年数0のときの賃金)が異なる場合，**ダミー変数**（大卒ダミー），を独立変数として加える。$D_i=1$（第iサンプルが大卒に該当する場合），$D_i=0$（大卒に該当しない場合）をサンプルごとに変数として割り当てる。

- 四半期データで季節性がありそうな場合はQ1, Q2, Q3（それぞれ第1～第3クオーターダミー：該当期間なら1，それ以外なら0とする）を独立変数として用いる。Q1～Q4すべてを入れると，完全な多重共線性（完全共線性）から，パラメータ推定が不可能となるので注意。

係数制約

- 重回帰モデルのF検定は（定数項以外のパラメータがすべて0という）**係数制約**の特別な場合である。
- 一般的な係数制約もF検定によって検定することができる。
- $Y_i=e^{b_0+\varepsilon_i}X_{1i}^{b1}X_{2i}^{b2}$で$b_1+b_2=1$（一次同次）を検定することが可能である(コブ＝ダグラス型生産関数で規模に関する収穫一定を検定する場合等)。
- 制約なしの回帰分析から計算される残差2乗和（$\sum e^2=SSR_U$），制約付き回帰分析から計算された残差2乗和（$\sum e^{*2}=SSR_C$)を用いる。

$$\frac{(SSR_c-SSR_U)/q}{SSR_U/(n-k-1)}\sim F(q,n-k-1)$$

H_0：係数制約あり（このケースでは$b_1+b_2=1$）

q：制約の数（H_0中の等号の数，したがってこのケースは$q=1$)，

k：独立変数の数（このケースは$k=2$)

検定統計量（F値）が有意点F_cを超えていれば(p値が十分に小さければ)H_0を棄却し，H_0のパラメータ制約を課すことができないと結論する。

構造変化・チャウテスト

- 係数制約の F 検定と同じ考え方で理解できる。2つのグループのデータで同一関数形による回帰モデルを想定したとき，パラメータの値は同じか否か，F 検定によりテストすることを**チャウテスト**という。戦争や大事件などの前後で構造変化が起こったかどうかを検証する目的等に用いる。
- $$\frac{(SSR_T - SSR_1 - SSR_2)/k}{(SSR_1 + SSR_2)/(n-k-1)} \sim F(k, n-k-1)$$

  H_0：2つのグループのパラメータはすべて等しい
  SSR_T：2グループのサンプルを統合して回帰を実行した際の残差2乗和
  SSR_1, SSR_2：グループ1, 2それぞれで回帰を実行した際の残差2乗和
  k：独立変数の数（この場合は，制約の数も k となる）
  n：2グループを統合したサンプル数
  検定統計量（F 値）が有意点 F_c を超えていれば(p 値が十分に小さければ) H_0 を棄却し，2グループ間でパラメータの値は異なる(構造変化が生じた)と結論する。

ロジット・モデル

- 従属変数が質的変数の場合も回帰分析を適用することができる。
- 従属変数が（0か1かで表現できる）2値データの際，**ロジット・モデル**（2項ロジット・モデル）を用いることが多い。
- 例：「ある商品を買うか（＝1）か，買わないか（＝0)」を従属変数 Y（縦軸）とし，「その商品の魅力度」を独立変数 X（横軸）とする場合を考えると，次のようなロジスティック曲線で表現される。縦軸は区間(0, 1)の範囲内にあり，商品の魅力度が増すにつれて，その商品を購入する確率が高まると解釈できる。

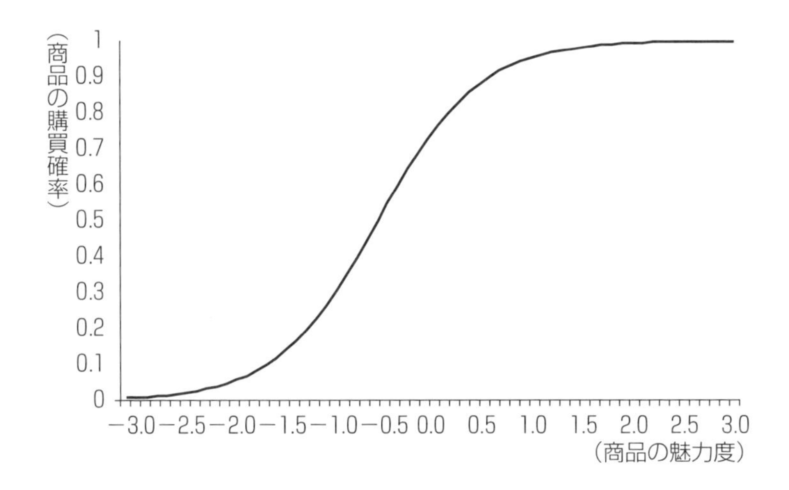

- ここに挙げた例は，0か1かという2項ロジット・モデルの例だが，選択肢が複数の場合は多項ロジット・モデルを，リッカート・スケールのように順序が明確な場合は順序ロジット・モデルを利用することができる。

• Keywords •

- 関数形の選択，ダミー変数
- 係数制約，チャウテスト
- 質的従属変数，2項ロジット・モデル

商品の価格と販売量の関係について分析するために，次の回帰式を考える。

$$q_i=\beta_0+\beta_1 p_i+e_i,\ i=1,\ 2,\ \cdots,\ n$$

ただし，q_i は商品の販売量，p_i は価格である。

これまで習った回帰分析の知識によると，ここで β_1 は，価格(p_i)が 1 単位増加したとき，販売量(q_i)は β_1 単位変化するという意味を表現している。しかし，経済分析や市場反応分析において，価格の変化に対して商品の需要量が大きく反応するか小さく反応するかを測る指標として，需要の価格弾力性が用いられる。この指標は，価格の変化に対する商品の需要量の単位的変化でなく，価格が 1％増加したときに需要量が何％変化するかを意味する値であり，マーケティングにおける価格戦略の効果を測定する上で重要な量である。

価格弾力性はその大きさ（絶対値）に応じて，1 よりも小さいとき非弾力的，1 よりも大きいとき弾力的という。これは価格変化に対する需要の反応を表しており，弾力性が大きい場合ほど，価格戦略が効果的であることを表している。

それでは，需要の価格弾力性による市場反応の測定は，回帰モデルの考え方では，どのように進めばよいだろうか。

これまでの内容に踏まえて，本章では，計量経済学のような応用分析の範囲に入る。分析にあたっては，用いるデータの性質などによって，それに適した方法がいくつかある。

1 関数形の工夫

これまで習った回帰モデルは，次のようなものであった。

$$Y_i = b_0 + b_1 X_{i1} + b_2 X_{i2} + \cdots + b_k X_{ik} + u_i \qquad (13-1)$$

式(13－1)のような回帰モデルを線形回帰モデルと呼ぶ。ただし，ここでの「線形」はどのような意味を持つのだろう。

回帰モデルから，直観的に，説明変数と被説明変数に関して線形を意味すると考えるのが普通である。言い換えれば，上記のモデルに示されているように，被説明変数(Y_i)が，定数項，説明変数(X_{i1}, …, X_{ik})，および誤差項(u_i)の線形関数（あるいは加重和）で表現されている。このときの加重は b_0, …, b_k などの未知パラメータである。

しかし，こうした考え方なら，次の式(13－2)のような，ある説明変数(X_1)が被説明変数(Y)に与える影響は，他の説明変数(X_2)の大きさによって変化する場合，説明が難しくなる。

$$Y_i = b_0 X_{i1}^{b1} X_{i2}^{b2} \qquad (13-2)$$

式(13－1)の回帰モデルに戻すと，あるパラメータ(b_0)を，次のように書き換えられる。

$$b_0 = Y_i - b_1 X_{i1} - b_2 X_{i2} - \cdots - b_k X_{ik} - u_i \qquad (13-3)$$

つまり，式(13－3)において，パラメータ(b_0)が，他のパラメータ(b_1, …, b_k)，および誤差項(u_i)の線形関数で表され，Y_i, X_{i1}, …, X_k を与えられた加重と考えられる。したがって，ここでの「**線形**」は，「パラメータ」に関して線形を意味すると考えてよい。

続いて，

$$Y_i = b_0 X_{i1}^{b1} X_{i2}^{b2} \qquad (13-4)$$

というモデルをもう一度考えよう。式(13－4)のモデルは，関数に関して明らかに非線形である。しかし，モデルの両辺に自然対数をとると，次のように表すことができる。

$$\ln Y_i = \ln b_0 + b_1 \ln X_{i1} + b_2 \ln X_{i2} + u_i \tag{13-5}$$

ここで，b_0 は定数であるため $\ln b_0$ も定数である。この式(13－5)のモデルにおいては，パラメータ($b_0' = \ln b_0$)を

$$b_0' = \ln b_0 = \ln Y_i - b_1 \ln X_{i1} - b_2 \ln X_{i2} - u_i$$

に書き換えられる。つまり，**パラメータに関して線形**である。

こうしたパラメータに関して線形なモデルは，これまで紹介した最小２乗法が簡単に適用可能である。変数に関して非線形であった場合でも，モデルをパラメータに関して線形型に変換できれば，最小２乗法を用いたパラメータの推定は可能になる。ここで１つ注意すべき点は，通常，線形モデルにおいて，パラメータは説明変数が１単位増加したときに被説明変数が何単位変化するかを示すが，それに対して，式(13－5)のモデルにおいては，パラメータは説明変数が１パーセント増加したときに被説明変数が何パーセント変化するかを示す。

市場競争分析において，需要の価格弾力性を推定するとき，こうした対数型線形推定がよく使われる。たとえば，

通常の線形モデル：$Y_i = b_0 + b_1 X_i + u_i$　　　$b_1 = dY_i/dX_i$

対数線形モデル：$\ln Y_i = \beta_0 + \beta_1 \ln X_i + e_i$　　　$\beta_1 = \dfrac{d \ln Y_i}{d \ln X_i} = \dfrac{dY_i / Y_i}{dX_i / X_i}$

上式の対数線形モデルにおいて，β_1 は**弾力性**を示している。通常，逆関数，２次関数，対数線形などは，実際のデータ分析においてよく用いられる関数型である。ただし，どのような関数型が最適かは，理論に規定されていないため，実際の実証分析に応じて調整する必要がある。したがって，分析に先立って，データのグラフを眺めることが重要である。

2 ダミー変数

これまで話した回帰分析では，説明変数と被説明変数はともに量的データである場合が多い。しかし，実際の分析においては，質的データを利用する場合が少なくない。

まずは，説明変数が質的データである場合を考えてみよう。このような状況は，回帰分析において，**ダミー変数**（dummy variable）として扱うことが多い。

ダミー変数の用法としては主に，(1) 定数項ダミー，(2) 傾きダミーがある。以下ではこれらを説明する。

例えば，男性と女性の所得と衣料品への支出の関係を考えてみよう。ある市場調査で，男性 n 人，女性 m 人からなる標本数 $N=n+m$ のデータを集めた。処理方法として，少し手間はかかるが，男性と女性のデータを分けて，以下のように別々に回帰モデルを組んで分析する方法がある。

$$\text{男性モデル：} Y_i = a_0 + a_1 X_i + u_i, \qquad i=1, 2, \cdots, n$$
$$\text{女性モデル：} Y_j = b_0 + b_1 X_j + u_j, \qquad j=1, 2, \cdots, m$$

実際にそれぞれのモデルについて推定を行うと，$\hat{a}_0 \neq \hat{b}_0$ および $\hat{a}_1 \neq \hat{b}_1$ の結果を得た。しかし，所得の増減と衣料品への支出の関係を男女同一と仮定し，男性と女性の定数項のみの差を測るとき，あるいは定数項の値が同一で，傾きのみの差を測るとき，上記の回帰モデルを以下のように修正する必要がある。

<定数項のみの差>

$$\text{男性モデル：} Y_i = a_0 + \beta X_i + u_i, \qquad i=1, 2, \cdots, n$$
$$\text{女性モデル：} Y_j = b_0 + \beta X_j + u_j, \qquad j=1, 2, \cdots, m$$

<傾きのみの差>

$$\text{男性モデル：} Y_i = \alpha + a_1 X_i + u_i, \qquad i=1, 2, \cdots, n$$
$$\text{女性モデル：} Y_j = \alpha + b_1 X_j + u_j, \qquad j=1, 2, \cdots, m$$

ここで，式（13－6）のように，男性と女性を区別するダミー変数を作って考える。

$$D_i=\begin{cases}0, & 男性\\ 1, & 女性\end{cases} \qquad (13-6)$$

すなわち，与えられたデータの組(Y_i, X_i)が男性であれば$D_i=0$で，女性であれば$D_i=1$，といったような新しい変数D_iを作る。こうしたダミー変数D_iを用いることによって，男性および女性のデータ組を下記のような1つの回帰式によって表現することができる。

＜定数項のみの差＞

$$Y_i=a_0+\gamma_1 D_i+\beta X_i+u_i, \qquad i=1, 2, \cdots, n+m$$

＜傾きのみの差＞

$$Y_i=\alpha+(a_1+\gamma_2 D_i)\ X_i+u_i, \qquad i=1, 2, \cdots, n+m$$

ただし，上の回帰モデルにおけるγ_1とγ_2は，男女の差を表すものであり，

$$\gamma_1=b_0-a_0$$
$$\gamma_2=b_1-a_1$$

という関係を満たす。

当然のことながら，男性と女性について，定数項と傾きが両方異なると仮定された場合も，以下のようなダミー変数を用いたモデル，

$$Y_i=(a_0+\gamma_1 D_i)+(a_1+\gamma_2 D_i)X_i+u_i, \qquad i=1, 2, \cdots, n+m$$

で表すことができる。そのあとは，$\hat{a}_0, \hat{a}_1, \hat{\gamma}_1, \hat{\gamma}_2$を実際のデータを用いて推定すればよい。図表13－1は上記のダミー変数を用いたモデルの推定結果のイメージ図を表している。男性の場合，$D_i=0$のため，回帰直線は$\hat{Y}=\hat{a}_0+\hat{a}_1 X$で，$\hat{a}_0$は切片，$\hat{a}_1$は傾きを示すものである。男性に対して，女性の場合，$D_i=1$のため，回帰直線は$\hat{Y}=(\hat{a}_0+\hat{\gamma}_1)+(\hat{a}_1+\hat{\gamma}_2)X$の形である。図表13－1に

描かれた通り，そのとき，$\hat{\gamma}_1$ は男性と女性の推定直線の切片の差を示し，$\hat{\gamma}_2$ は回帰直線の傾きの差を示すものである。

図表 13－1　ダミー変数のイメージ図

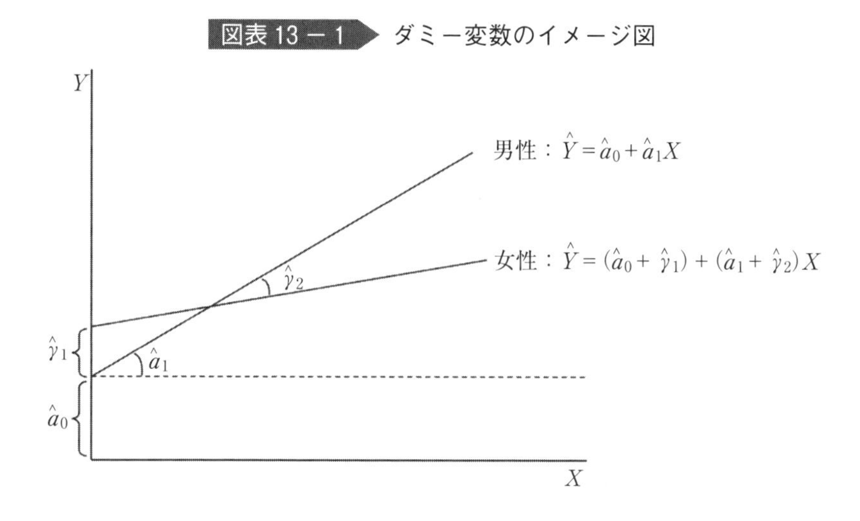

もちろん，男女などの典型的な質的データ以外に，時系列データ分析において，季節変動の考慮に伴いダミー変数を使う場合も多い。例えば，年末商戦で店舗の売上が急に高くなることがしばしば生じる。こうした場合，年末時の売上とそれ以外の時期の売上を，ダミー変数を用いて分けるのが妥当であろう。このような季節変動を処理するためのダミー変数を，季節ダミー変数と呼ぶ。

通常，説明変数にダミー変数を作るとき，質的データの水準数 k（例えば，男性と女性なら $k=2$）に応じて，$k-1$ 個のダミー変数を入れればよい。

3　従属変数が質的変数の場合

続いて，被説明変数が質的データの場合を考えてみよう。第 12 章に紹介した，消費者のある商品に対する購買可能性の例について説明する。通常，私たちが市場調査を通して観測できるのは，何パーセントというような購買可能性ではなく，消費者がこの商品を購入したか否かの結果だけである。

このような場合，これまでに紹介した標準的仮定を満たさないため，線形回帰分析の推定手法は通用しない。以下に従属変数が質的変数の場合の推定方法の概要を紹介する。この部分はやや難しいため，イメージだけ理解すればよい。

例えば，ある個人 i は，2つのブランドAとBから1つを選んで購入することを仮定する。私たちはこの個人 i は，2つのブランドAとBから得た効用，あるいは満足度の大きさに基づいて，以下の意思決定を行うと仮定する。

$U_A > U_B$ なら，ブランドAを購入する

$U_A \leq U_B$ なら，ブランドBを購入する

したがって，この個人 i はブランドAを購入する確率は次のように定義できる。

$$Pr(A) = Pr(U_A > U_B) = Pr(U_A - U_B > 0)$$

仮に，ブランドAとBから得た効用の差が，定数項，説明変数 $(X_{i1}, \cdots, X_{ik})$，および誤差項 (u_i) の加重和で表現されたとしよう。すなわち，

$$U_A - U_B = b_0 + b_1 X_{i1} + b_2 X_{i2} + \cdots + b_k X_{ik} + u_i$$

である。このとき，個人 i はブランドAを購入する確率を，

$$\begin{aligned} Pr(A) &= Pr(U_A - U_B > 0) \\ &= Pr(b_0 + b_1 X_{i1} + b_2 X_{i2} + \cdots + b_k X_{ik} + u_i > 0) \end{aligned}$$

のように書き換えることができる。ここで，誤差項 u_i が標準正規分布にしたがう場合，推定モデルは**プロビット・モデル**（*probit model*）と呼ばれ，標準ロジスティック分布にしたがう場合，推定モデルは**ロジット・モデル**（*logit model*）と呼ばれる。

通常，プロビット・モデルによるパラメータの推定は積分を用いるため，計算が煩雑となる。それに対して，ロジット・モデルによるパラメータの推定は，積分を使わないため，よりシンプルである。

4　係数制約と構造変化

回帰分析において，個別の係数を検定する際に t 検定がよく用いられるが，

重回帰モデルでは，複数の係数にまたがる**制約検定**を考える場合もある。この節では，そうした検定に有用な ***F* 検定**を紹介する。

例えば，次のような2つの説明変数を持つ重回帰モデル，

$$Y_i = b_0 + b_1 X_{i1} + b_2 X_{i2} + u_i$$

を考える。ここで，説明変数(X_{i1}, X_{i2})と誤差項u_iは標準的仮定を満たしているものとする。このモデルの妥当性について検定しよう。

帰無仮説は，すべての説明変数の説明力がないと仮定している。つまり，以下のような統計的仮説が与えられる。

$$\text{帰無仮説}\ H_0 : b_1 = 0,\ b_2 = 0$$
$$\text{対立仮説}\ H_1 : H_0\ \text{ではない}$$

帰無仮説は，パラメータ b_1 と b_2 が同時に0であるという2つの制約条件を加えたものとする。対立仮説は，いずれかの $j(j=1, 2)$ について，$b_j \neq 0$ であることを意味する。つまり，H_0 モデルと H_1 モデルは，

$$H_0\ \text{モデル} : Y_i = b_0 + e_i$$
$$H_1\ \text{モデル} : Y_i = b_0 + b_1 X_{i1} + b_2 X_{i2} + u_i$$

のように書き換えることができる。

F 検定の基本的な考え方は，H_0 モデルと H_1 モデルの両方の残差2乗和 $\sum \hat{e}_i^2$ と $\sum \hat{u}_i^2$ を比較することである。直観的に，H_0 モデルに説明変数がない(厳密には少ない)ため，残差2乗和が相対的に大きいはずである。もし帰無仮説が棄却できなければ，係数の制約があっても $\sum \hat{e}_i^2$ と $\sum \hat{u}_i^2$ の差はそれほど大きくならないはずであるが，帰無仮説が棄却できれば，H_0 モデルの推定結果に誤りがあって，$\sum \hat{e}_i^2 - \sum \hat{u}_i^2$ の値が大きくなるはずである。厳密に，F 検定における検定統計量（F 統計量）は

$$F = \frac{(\sum \hat{e}_i^2 - \sum \hat{u}_i^2)/q}{\sum \hat{u}_i^2/(n-k-1)}$$

と定義される。ここで，k は説明変数の数で，q は帰無仮説にある係数制約の数である。これによって計算された検定統計量は，自由度($df=q,\ n-k-1$)の F 分布にしたがう。したがって，

$F \geq F_{q,\,n-k-1}(\alpha)$ のとき，帰無仮説を有意水準 100α% で棄却
$F < F_{q,\,n-k-1}(\alpha)$ のとき，帰無仮説を有意水準 100α% で採択

と判断すればよい。ここで，$F_{q,\,n-k-1}(\alpha)$ は自由度($df=q,\ n-k-1$)の F 分布の上側 100α% 点である。通常，$\alpha=0.05$ または $\alpha=0.01$ を用いることが多いが，稀に $\alpha=0.1$ または $\alpha=0.001$ を用いる場合もある。

先ほどの例では，説明変数の数は2で，係数制約の数も2である。

回帰モデルで取り上げられる F 検定において，帰無仮説が「定数項以外のすべての説明変数が被説明変数に影響を与えていない」ことを意味することが多いが，その他の係数制約形式も考えられる。

例えば，次のようなコブ＝ダグラス型生産関数モデル，

$$Y_i = AK_i^{\alpha} L_i^{\beta}$$

である。このモデルは，変数に関して非線形であるため，まずはモデルを，

$$\ln Y_i = \ln A + \alpha \ln K_i + \beta \ln L_i + u_i$$

のように線形化する。経済理論では，コブ＝ダグラス型生産関数は，1次同次関数として使われることが多い。この性質について検定する際に，帰無仮説と対立仮説は以下のように与えられる。

帰無仮説 $H_0: \alpha + \beta = 1$
対立仮説 $H_1: \alpha + \beta \neq 1$

そのあとは，F 検定の基本的な考え方にしたがって，F 統計量を計算して検定すればよい。ここで，帰無仮説にある係数制約の数は $q=1$ で，説明変数の数は $k=2$ である。

▶価格弾力性と競争関係分析

Tuna.csv は，あるお店で販売されている 2 つの商品 A と B の販売価格，売上数量および販売促進のデータである。このデータを用いて以下の分析を行いなさい。なおこのデータはある項目について，sales1，price1，nsale1，sales2，price2，nsale2 はそれぞれ商品 A と商品 B の売上数量，販売価格および特別陳列量を表している。

1. 商品 A の売上数量と商品 B の価格の分布を調べなさい。
2. 商品 A と商品 B のそれぞれの価格と売上数量の相関を調べなさい。
3. 商品 A について，売上数量を販売価格と特別陳列量で線形回帰分析を行い，市場反応モデルを推定しなさい。
4. 商品 B の売上数量が，商品 B 自身の販売価格の変化に対する需要の自己価格弾力性と，商品 A の販売価格の変化に対する需要の交差価格弾力性を推定しなさい。また，その推定結果の市場的意味（経済的意味）も説明しなさい。
5. 商品 A について，売上数量を販売価格と特別陳列量で対数線形回帰分析を行い，それによって得られた推定結果を課題 3 の推定結果に比べてどちらが望ましいかを説明しなさい（注：対数線形の場合，価格と売上のみ対数をとる）。
6. 市場反応モデルを推定しなさい。

◆商品 B の売上数量に対する自己価格弾力性と交差価格弾力性を推定してみよう（R コマンダーを起動し，Tuna.csv を読み込む）

商品 B の売上数量に対して，需要の自己価格弾力性と交差価格弾力性を推定してみよう。なお，弾力性を推定する際に，回帰モデルを対数線形で表現することが便利である。

いま，商品 B の売上数量と，商品 A と B の販売価格の間に，

$$\ln q_i^B = \beta_0 + \beta_1 \ln p_i^A + \beta_2 \ln p_i^B + u_i$$

のような対数線形の関係があると仮定する。ここで，q_i^B は商品 B の売上数量，(p_i^A, p_i^B) は商品 A と B の販売価格で，(β_1, β_2) はそれぞれ交差価格弾力性と自己価格弾力性を表している。

R コマンダーによる弾力性の推定は次のステップにしたがって行う。

まずは，売上数量と販売価格のデータを対数変換して新しいデータを作成する。ツールバーの［データ］－［アクティブデータセット内の変数の管理］－［新しい変数を計算］に進むとウィンドウ（図表 13 － 2・左）が出る。そこで，商品 B の売上数量 sales2 を選択して［新しい変数］に“lnsales2”，［計算式］に“log（sales2）”と入力し，OK をクリックすると，データの最後列に新しく作成された“lnsales2”が追加される。同様に，商品 A と B の販売価格に対しても対数変換して新しい変数を作成する（図表 13 － 2・右）。

次に，重回帰分析と同じように，ツールバーの［統計量］－［モデルへの適合］－［線形回帰］に進むとウィンドウ（図表 13 － 3・左）が現れ，目的変数に“lnsales2”，説明変数に“lnprice1”と“lnprice2”を選んで OK をクリックすると，回帰分析が実行される。

図表 13 － 2　変数の対数変換

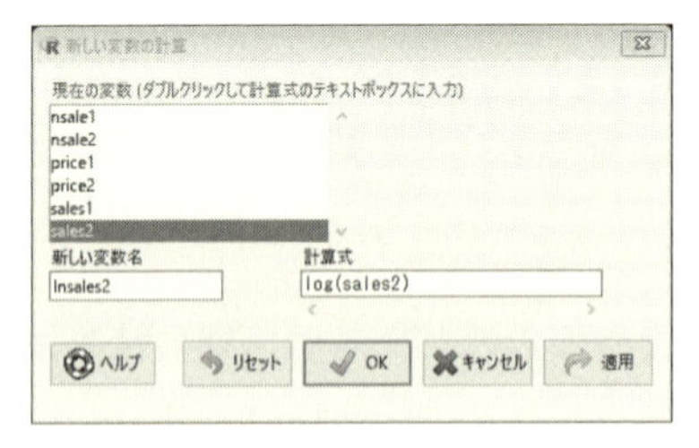

rice1	nsale1	sales2	price2	nsale2	lnsales2	lnprice1	lnprice2
38046	0.000000000	7152	0.8845523	0.000000000	8.875147	-0.09013857	-0.12267365
32828	0.000000000	30335	0.7500000	0.000000000	10.320057	-0.28331459	-0.28768207
31569	0.000000000	9114	0.8830150	0.000000000	9.117567	-0.28348174	-0.12441308
89301	0.000000000	10973	0.7500000	0.000000000	9.303193	-0.08454522	-0.28768207
00000	1.000000000	4649	0.8830080	0.000000000	8.444407	-0.37106368	-0.12442099
04262	0.000000000	5286	0.8893992	0.000000000	8.572817	-0.08291650	-0.11720911
98572	0.000000000	6252	0.8878521	0.000000000	8.740657	-0.08353683	-0.11895008
00000	0.000000000	5951	0.8905191	0.000000000	8.691315	-0.28768207	-0.11595071
70239	0.000000000	7344	0.8878106	0.000000000	8.901639	-0.08662179	-0.11899688
48529	0.000000000	7008	0.8840124	0.000000000	8.854808	-0.08899194	-0.12328415
85994	0.000000000	4286	0.8860751	0.000000000	8.358432	-0.25025863	-0.12095359
37148	0.000000000	92073	0.6865429	1.000000000	11.430337	-0.09023675	-0.37608652
91782	0.000000000	6009	0.8835461	0.000000000	8.701014	-0.17533224	-0.12381186
87693	0.790825684	6628	0.8837009	0.000000000	8.799058	-0.17581954	-0.12363683
22396	0.209382123	4434	0.8887235	0.000000000	8.397057	-0.17169080	-0.11796915
24197	0.767195867	5705	0.8872455	0.000000000	8.649098	-0.17147694	-0.11963354
14538	0.000000000	7872	0.8811062	0.000000000	8.971067	-0.09271435	-0.12657708
55604	0.000000000	11231	0.7803745	0.894967440	9.326433	-0.08821889	-0.24798133
69195	0.000000000	9651	0.7800123	0.695472091	9.174817	-0.08673564	-0.24844553
76256	0.000000000	8356	0.7797151	0.694379506	9.030735	-0.09692332	-0.24882665
37163	0.000000000	5304	0.8870541	0.000000000	8.576217	-0.09023511	-0.11984928
97299	0.000000000	11725	0.8837362	0.000000000	9.369479	-0.09460758	-0.12359667
00000	0.215105583	3381	0.8834111	0.000000000	8.125927	-0.52763274	-0.12396463
00000	0.000000000	11590	0.8853243	0.000000000	9.357898	-0.37106368	-0.12180123
98318	0.000000000	66123	0.6654542	1.000000000	11.099272	-0.09559547	-0.40728550
85999	0.225238278	19824	0.6666667	0.303511008	9.894649	-0.25025802	-0.40546511
88696	1.000000000	13705	0.6666667	0.696430632	9.525516	-0.24891161	-0.40546511
49407	0.220594768	9329	0.6666667	1.000000000	9.140883	-0.37842294	-0.40546511
33730	1.000000000	4605	0.8763288	0.000000000	8.434898	-0.38071450	-0.13201396
54350	0.000000000	7151	0.8770082	0.000000000	8.875007	-0.11044584	-0.13123895

図表13－3　重回帰分析：変数の選択

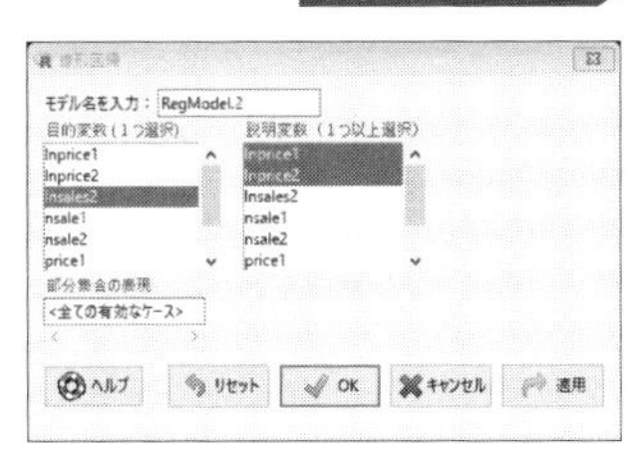

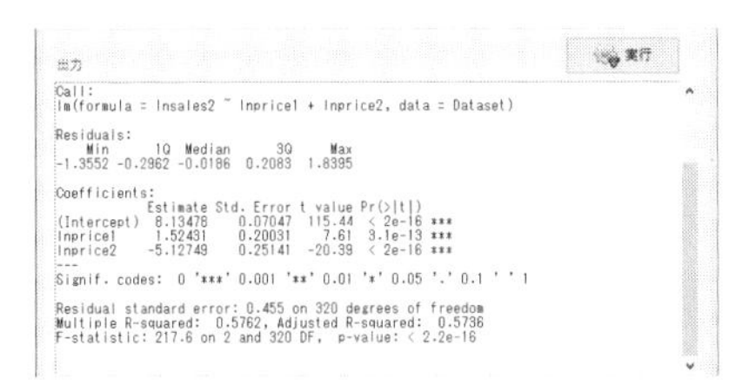

回帰分析の結果は図表13－3（右）に示される。自己価格弾力性の推定値は$\hat{\beta}_2 = -5.13$で，検定統計量t値は-20.39で，有意確率はほぼ0である。この推定結果は有意と示されており，自己の価格を1％上げることによって売上数量は5％下がることを意味している。同様に，交差価格弾力性の推定値は$\hat{\beta}_1 = 1.52$で，有意確率もほぼ0であり，結果は有意と示された。これは，競合商品Aの価格を1％上げることによって商品Bの売上数量も1.52％上がることを表している。

また，この手順と同様に，商品Aの売上数量に対する需要の自己価格弾力性と交差価格弾力性を推定することもできる。市場分析において，競合する商品の交差価格弾力性を比較することによって，ブランド間の競争関係や価格戦略の効果を測定することができる。

付表1　正規分布表の上側確率

	確率変数 u の小数第2位									
確率変数 u の整数と小数第1位	0	0.01	0.02	0.03	0.04	0.05	0.06	0.07	0.08	0.09
0.0	0.500	0.496	0.492	0.488	0.484	0.480	0.476	0.472	0.468	0.464
0.1	0.460	0.456	0.452	0.448	0.444	0.440	0.436	0.433	0.429	0.425
0.2	0.421	0.417	0.413	0.409	0.405	0.401	0.397	0.394	0.390	0.386
0.3	0.382	0.378	0.374	0.371	0.367	0.363	0.359	0.356	0.352	0.348
0.4	0.345	0.341	0.337	0.334	0.330	0.326	0.323	0.319	0.316	0.312
0.5	0.309	0.305	0.302	0.298	0.295	0.291	0.288	0.284	0.281	0.278
0.6	0.274	0.271	0.268	0.264	0.261	0.258	0.255	0.251	0.248	0.245
0.7	0.242	0.239	0.236	0.233	0.230	0.227	0.224	0.221	0.218	0.215
0.8	0.212	0.209	0.206	0.203	0.200	0.198	0.195	0.192	0.189	0.187
0.9	0.184	0.181	0.179	0.176	0.174	0.171	0.169	0.166	0.164	0.161
1.0	0.159	0.156	0.154	0.152	0.149	0.147	0.145	0.142	0.140	0.138
1.1	0.136	0.133	0.131	0.129	0.127	0.125	0.123	0.121	0.119	0.117
1.2	0.115	0.113	0.111	0.109	0.107	0.106	0.104	0.102	0.100	0.099
1.3	0.097	0.095	0.093	0.092	0.090	0.089	0.087	0.085	0.084	0.082
1.4	0.081	0.079	0.078	0.076	0.075	0.074	0.072	0.071	0.069	0.068
1.5	0.067	0.066	0.064	0.063	0.062	0.061	0.059	0.058	0.057	0.056
1.6	0.055	0.054	0.053	0.052	0.051	0.049	0.048	0.047	0.046	0.046
1.7	0.045	0.044	0.043	0.042	0.041	0.040	0.039	0.038	0.038	0.037
1.8	0.036	0.035	0.034	0.034	0.033	0.032	0.031	0.031	0.030	0.029
1.9	0.029	0.028	0.027	0.027	0.026	0.026	0.025	0.024	0.024	0.023
2.0	0.023	0.022	0.022	0.021	0.021	0.020	0.020	0.019	0.019	0.018
2.1	0.018	0.017	0.017	0.017	0.016	0.016	0.015	0.015	0.015	0.014
2.2	0.014	0.014	0.013	0.013	0.013	0.012	0.012	0.012	0.011	0.011
2.3	0.011	0.010	0.010	0.010	0.010	0.009	0.009	0.009	0.009	0.008
2.4	0.008	0.008	0.008	0.008	0.007	0.007	0.007	0.007	0.007	0.006
2.5	0.006	0.006	0.006	0.006	0.006	0.005	0.005	0.005	0.005	0.005
2.6	0.005	0.005	0.004	0.004	0.004	0.004	0.004	0.004	0.004	0.004
2.7	0.003	0.003	0.003	0.003	0.003	0.003	0.003	0.003	0.003	0.003
2.8	0.003	0.002	0.002	0.002	0.002	0.002	0.002	0.002	0.002	0.002
2.9	0.002	0.002	0.002	0.002	0.002	0.002	0.002	0.001	0.001	0.001
3.0	0.001	0.001	0.001	0.001	0.001	0.001	0.001	0.001	0.001	0.001

付表 2　t 分布表のパーセント

		有意水準 α				
		0.10	0.05	0.025	0.01	0.005
自由度 m	1	3.078	6.314	12.706	31.821	63.657
	2	1.886	2.920	4.303	6.965	9.925
	3	1.638	2.353	3.182	4.541	5.841
	4	1.533	2.132	2.776	3.747	4.604
	5	1.476	2.015	2.571	3.365	4.032
	6	1.440	1.943	2.447	3.143	3.707
	7	1.415	1.895	2.365	2.998	3.499
	8	1.397	1.860	2.306	2.896	3.355
	9	1.383	1.833	2.262	2.821	3.250
	10	1.372	1.812	2.228	2.764	3.169
	11	1.363	1.796	2.201	2.718	3.106
	12	1.356	1.782	2.179	2.681	3.055
	13	1.350	1.771	2.160	2.650	3.012
	14	1.345	1.761	2.145	2.624	2.977
	15	1.341	1.753	2.131	2.602	2.947
	16	1.337	1.746	2.120	2.583	2.921
	17	1.333	1.740	2.110	2.567	2.898
	18	1.330	1.734	2.101	2.552	2.878
	19	1.328	1.729	2.093	2.539	2.861
	20	1.325	1.725	2.086	2.528	2.845
	21	1.323	1.721	2.080	2.518	2.831
	22	1.321	1.717	2.074	2.508	2.819
	23	1.319	1.714	2.069	2.500	2.807
	24	1.318	1.711	2.064	2.492	2.797
	25	1.316	1.708	2.060	2.485	2.787
	26	1.315	1.706	2.056	2.479	2.779
	27	1.314	1.703	2.052	2.473	2.771
	28	1.313	1.701	2.048	2.467	2.763
	29	1.311	1.699	2.045	2.462	2.756
	30	1.310	1.697	2.042	2.457	2.750
	40	1.303	1.684	2.021	2.423	2.704
	標準正規分布	1.282	1.645	1.960	2.326	2.576

索　引

英数

あ

か

さ

た

・著者紹介

長島　直樹（ながしま なおき）　序章, 第1章～13章「本章のポイント」

東京大学経済学部卒業, 米国デューク大学大学院修了（経済学修士）。
日本経済新聞社, 富士通総研（経済研究所 上席主任研究員）を経て, 現在, 東洋大学経営学部准教授。学術博士（経営学）。
著書に『ビジネス心理検定試験公式テキスト 第3巻 マーケティング心理編』（共著, 中央経済社）など。その他, *Journal of Marketing Development and Competitiveness, Advances in Economics and Business, Journal of Strategic and International Studies, Journal of Advancements in Applied Business Research, Journal of Business and Economics*等に掲載論文がある。

石田　実（いしだ　みのる）　第1章～8章

東京工業大学理学部情報科学科卒業, 同大学院理工学研究科情報科学専攻修了（理学修士）。
筑波大学大学院経営・政策科学研究科経営システム科学修了（経営学修士）, 同大学院ビジネス科学研究科企業科学専攻単位取得, 博士（経営学）。
東京銀行, 東京三菱銀行, アークエンジンを経て, 現在, 東洋大学経営学部専任講師。
主な論文に,「ユーザー・コミュニティ創発の創作ネットワークに関する研究 :「初音ミク」コミュニティにみる価値共創」（共著, 2015）, マーケティングジャーナル, 35(1), 88-107,「2値変量に基づく教師無し分類における類似係数の選択」（共著, 2011）, 行動計量学38(1), 65-81。

李　　振（Zhen Li）　第9章～13章

中国浙江財経大学総合情報学部卒業。神戸大学大学院経営学研究科市場科学専攻修了（商学修士）, 同大学院経営学研究科経営学専攻修了。博士（商学）。
関西大学データサイエンス研究センター ポスト・ドクトラルフェロー（PD）を経て, 現在, 東洋大学経営学部マーケティング学科専任講師。
「流通研究」,「経営論集」, *Asia Marketing Journal, Journal of Retailing and Consumer Services, Frontiers of Business Research, IEEE International Conference*などに掲載論文がある。

◎イラスト（ねこ博士）　祥

Rで統計を学ぼう！

文系のためのデータ分析入門

2017年11月10日　第1版第1刷発行
2019年9月20日　第1版第3刷発行

著　者　長　島　直　樹
　　　　石　田　　　実
　　　　李　　　　　振

発行者　山　本　　　継
発行所　㈱中央経済社
発売元　㈱中央経済グループパブリッシング

〒101-0051　東京都千代田区神田神保町1-31-2
電　話　03（3293）3371（編集代表）
　　　　03（3293）3381（営業代表）
http://www.chuokeizai.co.jp/
製版／三英グラフィック・アーツ㈱
印刷／三　英　印　刷　㈱
製本／誠　製　本　㈱

ISBN978-4-502-24411-7　C3033